Airbrush im Modellbau

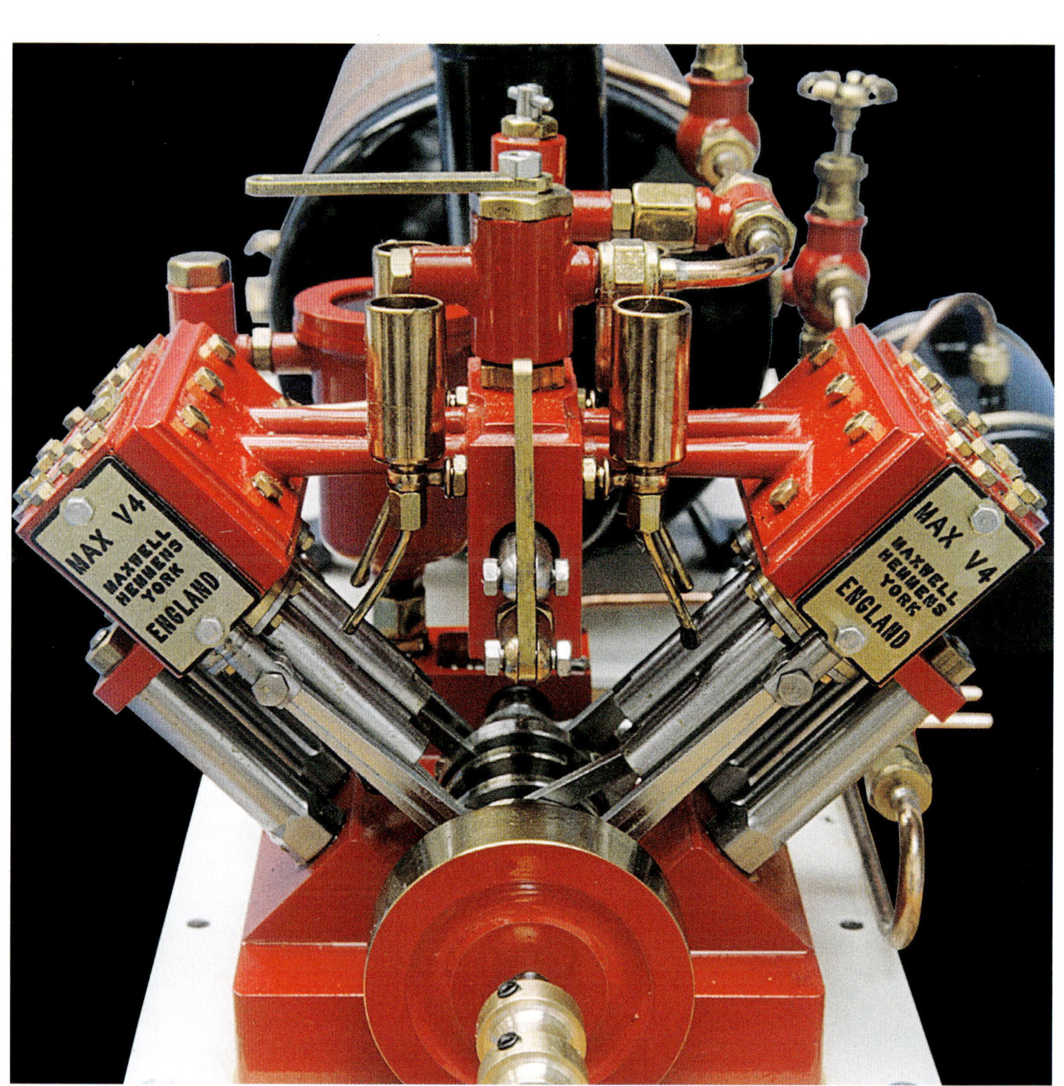
MAX V4
MAXWELL
HEMMENS
YORK
ENGLAND
MAX V4
MAXWELL
HEMMENS
YORK
ENGLAND

Farbe auf Stand- und Funktionsmodellen

AIRBRUSH IM MODELLBAU

Mathias Faber

Impressum

Verantwortlich: Lothar Reiserer
Schlusskorrektur: Linde Wiesner
Layout: Elke Mader
Repro: Cromika / LUDWIG:media
Herstellung: Anna Katavic
Printed in Poland by CGS Printing

★★★★★

Sind Sie mit diesem Titel zufrieden? Dann würden wir uns über Ihre Weiterempfehlung freuen.
Erzählen Sie es im Freundeskreis, berichten Sie Ihrem Buchhändler, oder bewerten Sie das Werk online.
Und wenn Sie Kritik, Korrekturen oder Aktualisierungen haben, freuen wir uns über Ihre Nachricht an den GeraMond Media GmbH, Postfach 40 02 09, D-80702 München oder per E-Mail an lektorat@verlagshaus.de.

Unser komplettes Programm finden Sie unter 

Alle Angaben dieses Werkes wurden sorgfältig recherchiert und auf den neuesten Stand gebracht sowie vom Verlag geprüft. Für die Richtigkeit der Angaben kann jedoch keine Haftung übernommen werden.

Sie sind auf der Suche nach weiterführender Literatur?
Dann empfehlen wir Ihnen unsere Magazine MODELLFAN und EISENBAHN MAGAZIN. Hier werden Sie bestimmt fündig!

Die Deutsche Nationalbibliothek verzeichnet diese Publikation in der Deutschen Nationalbibliografie; detaillierte bibliografische Daten sind im Internet über http://dnb.d-nb.de abrufbar.

3. Auflage der überarbeiteten und erweiterten Neuausgabe 2019

ISBN 978-3-96453-065-3

Überzeugende Modelle

Modellbau. Dieser Begriff schlägt die Brücke vom professionellen Werft- und Architekturmodell über Kunstobjekte, vielgestaltige Präsentations-, Funktions- und Anschauungsmodelle hin zum ersten eigenen Modellbauprojekt. So vielschichtig wie die Aufgabenstellungen sind natürlich auch die Anforderungen an eine Farbgebung, wobei das genialste Modell leicht durch Fehler beim dazugehörigen Farbauftrag ruiniert wird. Umgekehrt kann ein an sich unbefriedigendes Modell durch den erfolgreichen Einsatz von Farbe noch eine deutliche Aufwertung erfahren.

Heute spielt beim Farbauftrag im Modellbau in den meisten Fällen der Airbrush eine zentrale Rolle. Was geht mit dem Airbrush, wie geht es, wo wird es spannend und wo heißt es, vorsichtig zu sein? Dieses Buch gibt Anleitungen und Anregungen, hilft bei der Auswahl der passenden Geräte und führt durch das große Spektrum der Anwendungsmöglichkeiten.

Viele Modellbauer haben ihr spezielles Gebiet im Modellbau, in dem sie sich zu Hause fühlen, und sie werden es hier mit diversen Modellen wiederfinden. Dem roten Faden durch die großen Themen des Modellbaus folgend, bestätigt sich zudem, dass sich keine Form der farblichen Gestaltung auf nur ein Gebiet des Modellbaus beschränkt. Dies bedeutet zugleich, dass sich natürlich auch Arbeitsmaterialien und Hilfsmittel themenübergreifend einsetzen lassen, obwohl sie nur in einem Bereich behandelt sind. Ein anschauliches Beispiel dafür sind die Künstlerfarben. Dazu kristallisieren sich bei jedem Modellbauer ganz persönliche Vorlieben für bestimmte Produkte und Anbieter heraus. In diesem Buch geht es erst einmal darum, möglichst neutral die dazugehörigen Arbeitsweisen kennenzulernen.

Überzeugende Modelle entstehen dort, wo mit Kreativität eigene Vorgehensweisen für Ergebnisse gesucht werden, die weit über einen simplen Farbauftrag mit dem Airbrush hinausgehen. Voraussetzung dafür ist natürlich das Beherrschen der handwerklichen Grundlagen. Dazu kommt dann eine sinnvolle Arbeitsplanung, die auf Erfahrung, dem genauen Hinsehen und einer gewissen Vorstellungskraft fußt.

Für all dies gibt das vorliegende Buch jede Menge Anregungen und liefert mit der dazugehörigen Übung das gewünschte Können.

Viel Spaß, viel Erfolg wünscht Ihnen
Mathias Faber

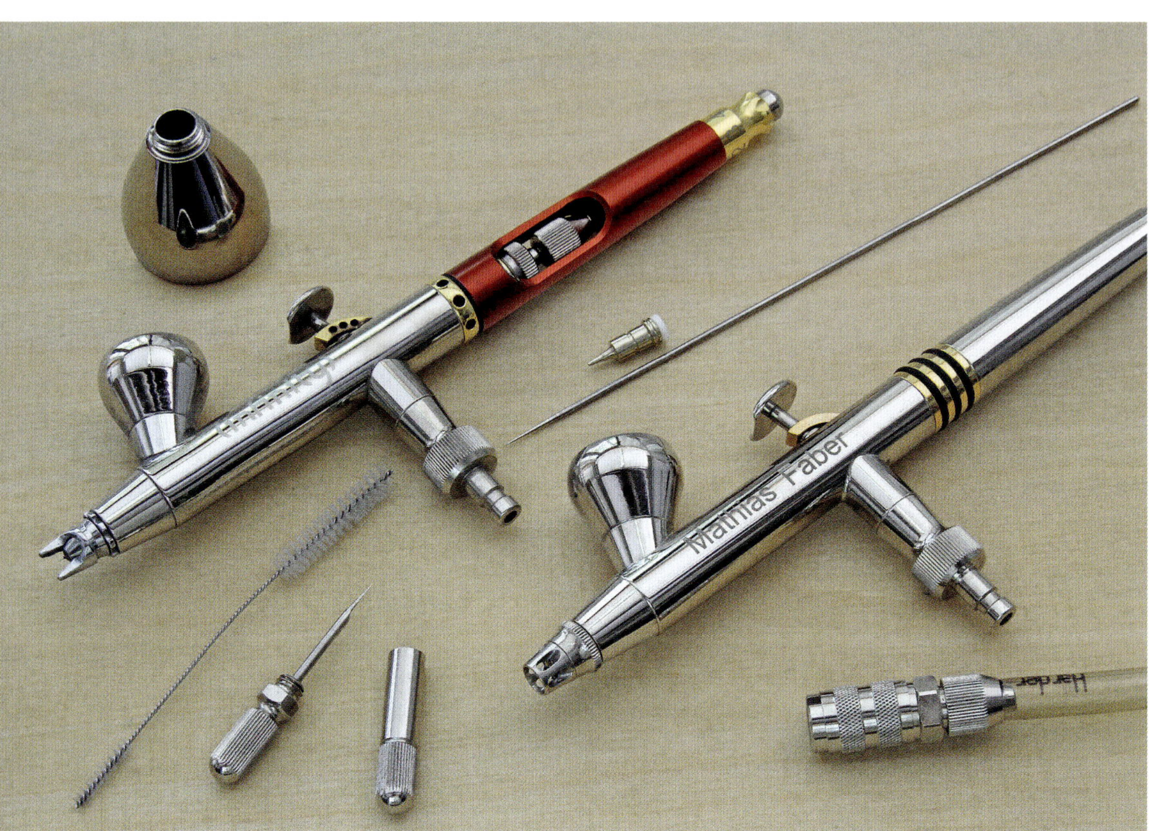
Mathias Faber

KAPITEL 1

Der Airbrush und wie er funktioniert

Alles über die Innereien und Funktionen der unterschiedlichen Gerätetypen, auch, um die richtige Wahl für die Anschaffung zu treffen. Um möglichst stressfrei arbeiten zu können, folgen die erforderlichen Ratschläge zur Wartung und wie man mit Funktionsstörungen umgeht. Die Arbeit mit Farbe am Modell darf nicht durch unbekannte Technik gebremst werden.

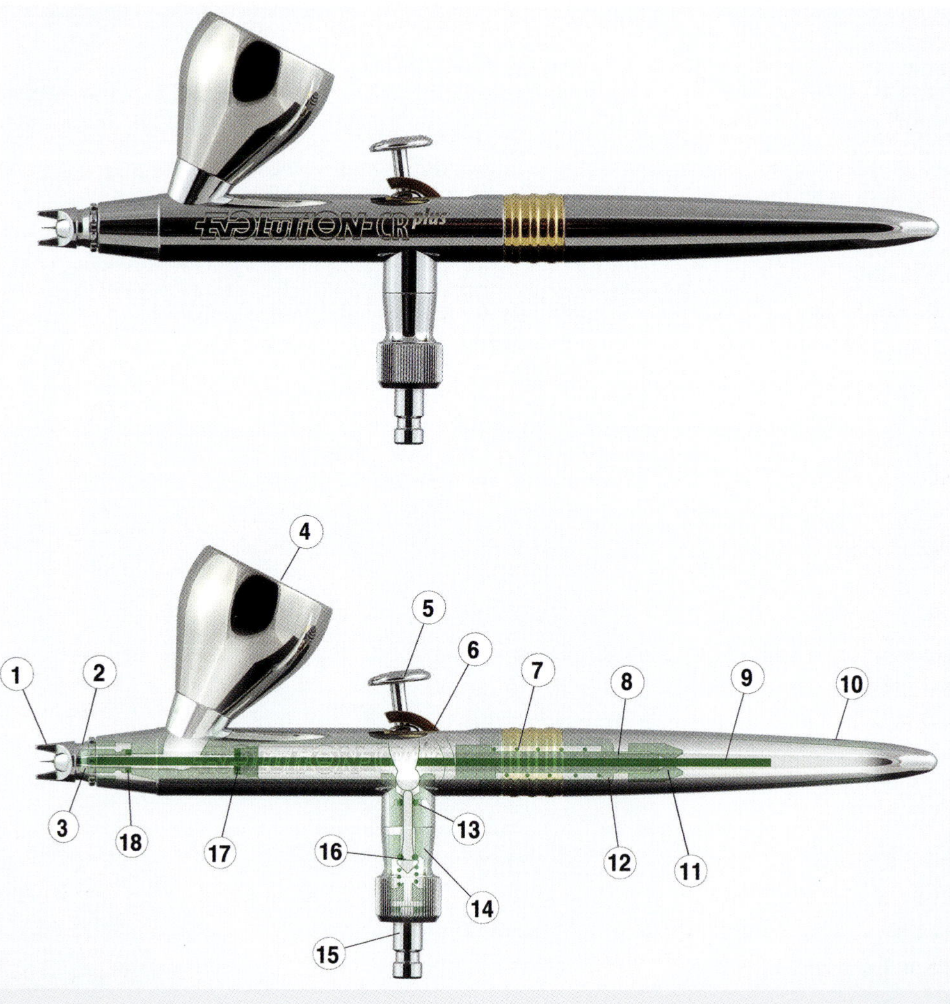

Das folgende Funktionsprinzip liegt allen hier gezeigten Spritzapparaten gleichermaßen zugrunde: Die spritzfertig verdünnte Farbe gelangt an der Vorderseite der Apparate in den austretenden Luftstrom, wird mitgerissen, zerstäubt und erreicht in Form relativ feiner bis feinster Tröpfchen die zu bearbeitende Oberfläche.

Der Airbrush ist ein feinmechanisches (Präzisions-)Werkzeug mit teilweise recht empfindlichen Bauteilen. Wie bei allen Werkzeugen sind es auch hier die Qualitätswerkzeuge, mit denen sich auf Dauer die besten Ergebnisse erzielen lassen.

Die hohen Anforderungen, denen Modelle heute genügen sollen, legen die Messlatte auch bei den Werkzeugen hoch. Neben konstruktiven Merkmalen, die bei der Auswahl eines Airbrushs selbstverständlich zählen, kommt der Material- und Verarbeitungsqualität eines Airbrushs eine besondere Bedeutung zu. Hochwertige Spritzbilder lassen sich auf Dauer nur erzielen, wenn alles stimmt.

Die Qualitätskriterien werden, wie bei allen Werkzeugen, im Wesentlichen von den namhaften, „alteingesessenen“ Herstellern im mittleren und oberen Preissegment gut bis sehr gut erfüllt. Diese Hersteller werden auch die Verschleiß- und Ersatzteilversorgung sicherstellen. Aber natürlich gibt es auch subjektive Argumente zugunsten einer bestimmten Gerätebauart oder eines einzelnen Gerätes. Solange diese nicht zu Abstrichen bei den Qualitätsmerkmalen führt, lässt sich wunderbar damit leben. Dazu später mehr.

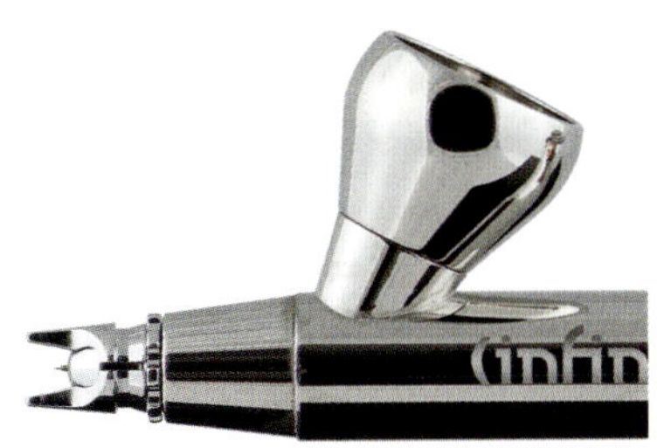

Bild 1-2: Dieser Präzisions-Airbrush (Fließsystem) für feinste Arbeiten besitzt einen seitlich offenen Luftkopf, um durch das seitliche Abfließen des Luftstroms den kleinstmöglichen Spritzabstand zu ermöglichen.

Funktionsprinzipien des Airbrushs

Die einzelnen Gerätegruppen lassen sich nach der Art, wo und wie die Farbe in den Luftstrom gelangt, nach der Art der Farbzuführung, nach der Funktion des Bedienungshebels und dem Durchmesser der Farbdüsen unterscheiden. Als Airbrush gelten kleine Spritzgeräte, deren Farbdüse innerhalb der Luftdüse, die dann Luft- oder Saugkappe genannt wird, montiert ist. Luft und Farbe mischen sich innerhalb des Gerätes. Man spricht vom Internal-mix-Gerät.

Druckluftzerstäuber, also einfache Farbspritzapparate, sind Geräte mit einer Farbdüse oder einem simplen Saugrohr, die vor der Luftdüse in den austretenden Luftstrom ragen. Luft und Farbe mischen sich außerhalb des Geräts nach dem sogenannten External-mix-Prinzip.

Qualitätsunterschiede im Sprühstrahl der beiden Gerätegruppen sind vor dunklem Hintergrund gut zu erkennen. Selbst wenn ein guter Airbrush (internal-mix) wesentlich näher an der Kamera ist, zeigt er doch einen deutlich feineren Sprühstrahl als ein External-mix-Gerät.

Bild 1-1 (linke Seite):

1. **Nadelkappe**
2. **Luftkopf / Düsenkappe**
3. **Farbdüse (Steckdüse)**
4. **Farbbecher**
5. **Bedienhebel**
6. **Exzenter**
7. **Nadelfeder**
8. **Nadelspannfutter**
9. **Nadel**
10. **Griffstück**
11. **Nadelklemmmutter**
12. **Nadelfedergehäuse**
13. **Ventilschaftdichtung**
14. **Ventilkörper**
15. **Stecknippel NW 2,7 mm**
16. **Ventilstange mit Feder**
17. **Nadeldichtung**
18. **Düsendichtung**

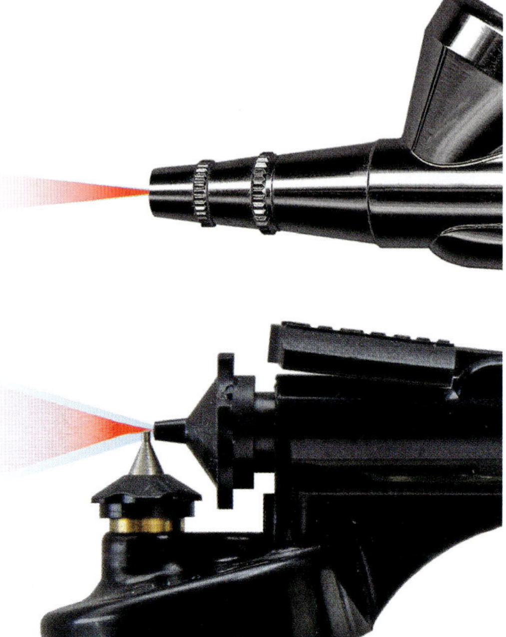

Bild 1-3: Durch die Art, in welcher die Farbe ihrem Transportmittel, also dem Luftstrom, zugeführt wird, unterscheiden wir grundsätzlich zwei Gerätegruppen *(internal-mix / external-mix)*.

Die Möglichkeit, bestimmte Gerätegruppen anhand der qualitätsbezogenen Aussage zum Farbauftrag zu unterscheiden, führt zu einer inhaltlich etwas enger umrissenen Fassung des Begriffs Airbrush. Einen sehr fein verteilten, gleichmäßigen und während des Arbeitens gut zu steuernden(!) Farbauftrag zu schaffen, ist die zentrale Aufgabenstellung. Deshalb bleibt die Bezeichnung Airbrush allein den Geräten vorbehalten, bei denen die Farbe mit dem Luftstrom (*internal-mix*) austritt. Farbspritzapparate, deren Sprühstrahl im external-mix entsteht, werden dagegen als „einfache Spritzgeräte" oder „Druckluftzerstäuber" bezeichnet. Die Übernahme der englischen Bezeichnung Airbrush deutet in diesem Kontext auf eine sprachliche Problematik hin: Es gibt im Deutschen bisher keine adäquate, d. h. auch gebräuchliche Übersetzung dieses Begriffs. Das Wort „Luftpinsel" wird eher zum Spaß verwendet. Der in diesem Zusammenhang häufig genutzte Ausdruck „Spritzpistole" erweist sich gleich in mehrfacher Hinsicht als problematisch. So wird einerseits durch die Be-

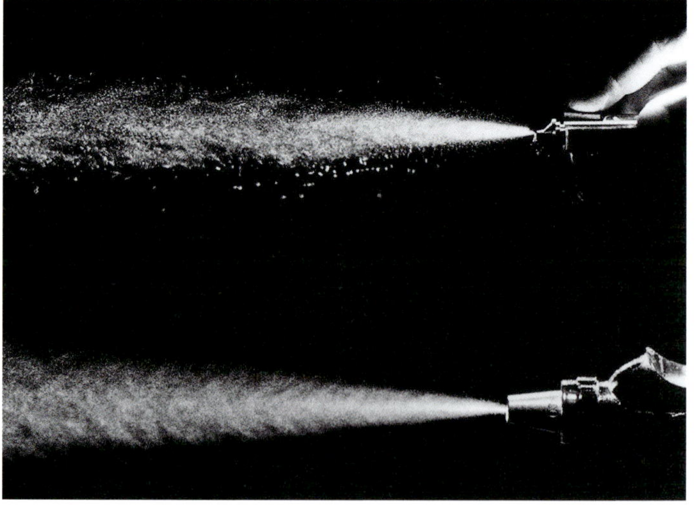

Bild 1-4: Qualitätsunterschiede im Sprühstrahl sind vor dunklem Hintergrund gut zu erkennen. Obwohl der Airbrush (*internal-mix*) näher an der Kamera ist, zeigt er doch einen feineren Sprühstrahl als die *„spray gun"* (*external-mix*). Das Versprühen von Wasser kann zugleich auch der erste Funktionstest für einen neuen oder neu zusammengesetzten Airbrush sein.

zeichnung „Pistole" die Hebelfunktion des betreffenden Farbspritzapparates als eine einfache gekennzeichnet, andererseits kann als mögliche Übersetzung des englischen Begriffs *„spray gun"* ein einfaches Spritzgerät gemeint sein. Im Folgenden wird deshalb auf die Verwendung des Ausdrucks „Spritzpistole" völlig verzichtet.

Die Arten der Farbzuführung

Beim Airbrush gibt es zwei Arten der Farbzuführung: das Saugsystem, bei dem der Luftstrom die Farbe aus einem unterhalb der Gehäuseachse montierten Farbbehälter ansaugt, und das Fließsystem, bei dem die Farbe von oben durch die Schwerkraft zur Farbdüse fließt. Mit welcher Art der Farbzufuhr, also Saug- oder Fließsystem, sollte ein in Betracht kommender Airbrush ausgestattet sein? Ein möglicher arbeitstechnischer Nachteil des Saugsystems ist die Verfügbarkeit der Farbe, denn sie muss erst von unten angesaugt werden. (Beim Fließsystem läuft die Farbe von oben automatisch aus einem über dem Airbrush-Gehäuse angebrachten Farbbehälter bis nach vorn in die Farbdüse hinein.) Darüber hinaus wird sich die gründliche Reinigung eines Saugsystem-Airbrushs – bedingt durch die vielfach längeren und oft sehr verwinkelten Farbkanäle – meist aufwendiger gestalten als die eines Fließsystemgeräts. Als vorteilhaft kann sich das Saugsystem erweisen, wenn größere Flächen mit einer begrenzten Anzahl von Farben aus verschließbaren Farbgläsern eingefärbt werden. Dies wird eher bei großen RC-Modellen der Fall sein. Ein weiterer Grund, Saugsystemgeräte zu bevorzugen, ist dann ein subjektiver: Manche Anwender haben den Farbbecher einfach lieber unten …

Bild 1-5: Ein einfacher Saugsystem-Airbrush für ausgedehnte Arbeiten, wie er noch bei vielen Modellbauern in der Schublade zu finden ist

Der Bedienungshebel

Zur Funktion des Bedienungshebels: Der Bedienungshebel, der mit dem Zeigefinger betätigt wird, gibt durch einfaches Niederdrücken nur den Luftstrom frei. Man spricht dann von einem Gerät mit einfacher Hebelfunktion oder *single-action*. Wird beim Zurückziehen des Hebels die austre-

Bild 1-6: Dieser Airbrush hat einen Bedienhebel mit einfacher Funktion (engl.: *single-action*): Durch Niederdrücken des Hebels wird die Luft freigegeben, die Farbmenge wird am Ende der Griffkappe dosiert.

tende Farbmenge dosiert, wobei der Luftstrom automatisch mit freigesetzt wird, spricht man von einer gekoppelten Doppelfunktion oder *fixed-double-action*.

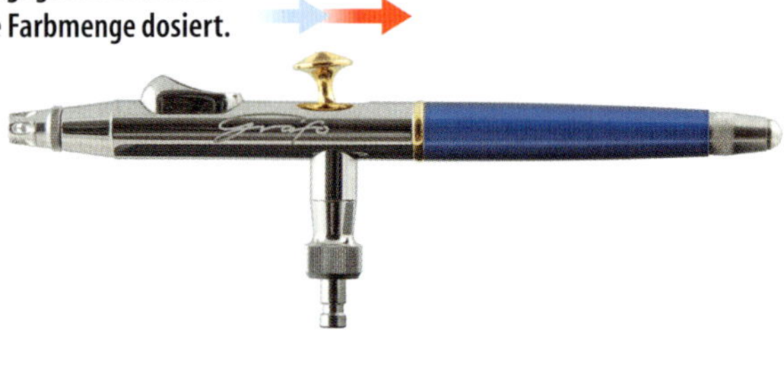

Bild 1-7: Ein Airbrush mit einem Bedienhebel, der eine gekoppelte Doppelfunktion (engl.: *fixed double-action*) ausübt: Durch Zurückziehen des Hebels wird erst die Luft freigegeben und dann die Farbmenge dosiert.

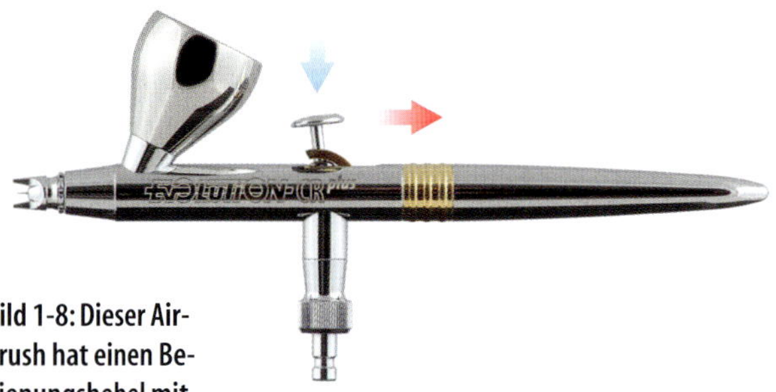

Bild 1-8: Dieser Airbrush hat einen Bedienungshebel mit unabhängiger Doppelfunktion (engl.: *independent double-action*): Durch Niederdrücken des Hebels wird die Luft freigegeben, durch das Zurückziehen der Farbfluss gesteuert.

Die unabhängige Doppelfunktion (independent double-action) bildet die dritte und vom Umgang her vielseitigste Variante der Hebelfunktion: Durch Niederdrücken des Bedienungshebels wird die Luft freigegeben, durch das Zurückziehen des niedergedrückten Hebels dann die gewünschte Farbmenge in den Luftstrom eingespeist. Diese Bauart ist die meist verwendete. Dennoch gibt es Modellbauer, denen eine gekoppelte Doppelfunktion mehr liegt (Stichwort: subjektives Empfinden). Bei einigen qualitativ hochwertigen Airbrushmodellen mit unabhängiger Doppelfunktion lässt sich die Luftzufuhr über den Bedienhebel sogar dosieren, ohne dass dies in den Gerätebeschreibungen speziell ausgelobt wird.

Die Farbdüse

Welche Düsenbohrung wofür? Die Farbdüsenöffnung, durch die die Farbe in den Luftstrom gelangt, spielt für die Spritzbarkeit bestimmter Farben, mehr noch hinsichtlich der Größe der zu bearbeitenden Fläche, eine Rolle. So eignet sich eine Düsenbohrung von 0,15 mm bis 0,3 mm nur für feinere Farbaufträge, zu denen eigentlich alle Aufgabenstellungen im Plastikmodellbau gehören. Für große RC-Modelle kommen Düsenbohrungen ab 0,4 mm ins Spiel.

Dem entgegen gehört der Durchmesser einer Farbdüse von beispielsweise 1,4 mm zu einer „Lackierpistole" zum Spritzen wirklich großer Flächen.

Die maximale Düsenbohrung eines Airbrushs liegt in der Regel zwischen 0,5 mm und 0,8 mm. Mit der Zuordnung bestimmter Düsenbohrungen zu bestimmten Aufgabenbereichen schließt sich der Kreis zu den eingangs angesprochenen Anforderungen, denen der Airbrush genügen soll. So leuchtet es ein, dass ein Airbrush mit einer 0,15 mm oder 0,3 mm Düsenbohrung relativ ungeeignet ist, um damit ein ganzes Auto, wohlgemerkt in Originalgröße, lackieren zu wollen. Es wird auch der Versuch misslingen, mit einer 1,4 mm Düsenbohrung eine Linie zu ziehen, die keinen Millimeter breit sein soll.

Gleiches gilt für das Volumen des Farbbehälters, das je nach Gerät zwischen 0,3 ml (für feinste Arbeiten) und

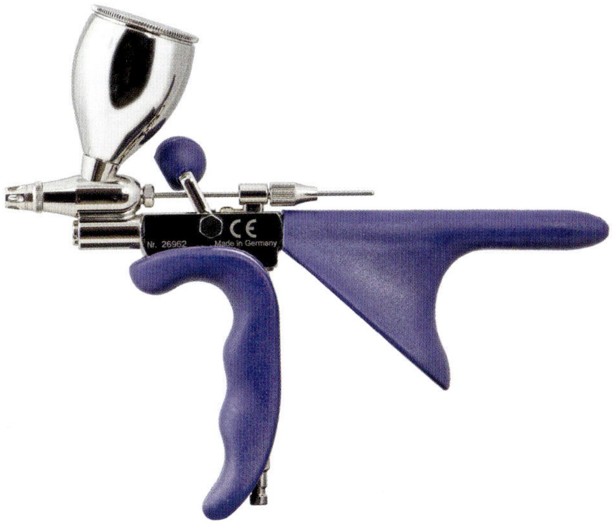

Bild 1-9: Ein solcher Airbrush (gekoppelte Doppelfunktion) mit 0,4 mm Düsenbohrung und einem Farbbecherinhalt von 15 ml ist nur für wirklich große Modelle interessant. Dieser Spritzapparat steht für die größten Airbrushmodelle: mittlere Detailarbeiten gelingen mit ihm genauso gut wie das Einfärben ausgedehnter Flächen.

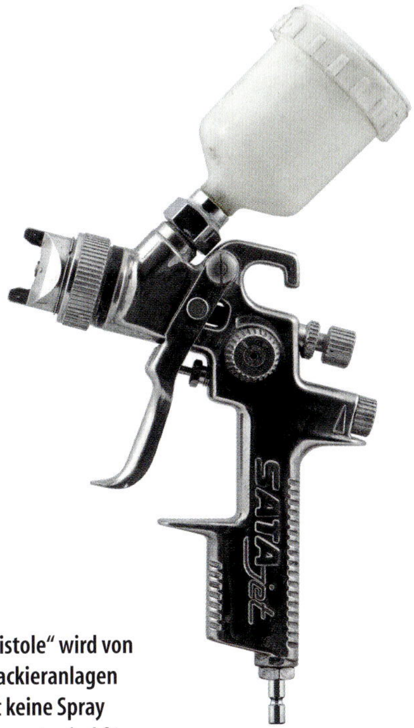

Bild 1-10: Der Begriff „Lackierpistole" wird von den Herstellern für moderne Lackieranlagen beibehalten, obwohl sie längst keine Spray Guns mehr sind. Diese Spritzapparate sind für das großflächige Aufbringen von Hightech-Lacken in den Lackierbetrieben entwickelt worden.

600 ml (für Lackierarbeiten) liegen kann. Eine Differenz von 6 ml zu 7 ml dürfte dagegen für den Modellbauer unerheblich sein und kaum die Entscheidung zu Gunsten eines ganz bestimmten Gerätes beeinflussen.

Je feiner Düse und Nadel eines Airbrushs ausfallen, desto wichtiger wird eine sehr hohe Materialqualität der eingesetzten Teile. Dabei geht es um möglichst geschlossene Oberflächen im mikroskopischen Bereich. Jegliche Unebenheiten und auch Haarrisse führen dazu, dass sich Pigmente und andere essentielle, feste Bestandteile von Modellbaufarben verfangen und den Sprühstrahl merklich beeinträchtigen. Routinemäßig gereinigt werden müssen natürlich alle Nadeln und Farbdüsen.

Bild 1-11: Schon der Blick auf den Luftkopf dieser Lackierpistole mit seinen zahlreichen seitlichen Luftkanälen (MSB – Enghorndüse) zeigt, dass dieses Gerät hinsichtlich des Sprühstrahls ganz anderen Anforderungen genügen muss als ein Airbrush.

Bild 1-12: Zum Lösen von Farbresten durch „Zurückblubbernlassen" wird ein Finger oder eine dafür vorgesehene Kunststoffkappe verwendet.

Die Handhabung

Hilfreich beim Reinigen zwischendurch ist das „Zurückblubbernlassen" eines Reinigungsmittels oder Verdünners im Airbrush. Beim klassischen Airbrush mit geschlossener, ringförmiger Saugkappe lässt sich einfach ein Finger vor diese halten, damit der Luftstrom zurück in die Farbkanäle gedrückt wird. Für seitlich offene Saugkappen sind längliche Kunststoffkappen zum Zurückdrücken des Luftstroms brauchbar. Auf diese Art lassen sich oft Farbreste, die nach dem Ausspritzen des Airbrushs noch in den Farbkanälen verblieben sind, ablösen.

Beim Reinigen wird der Unterschied von geschraubten zu gesteckten Farbdüsen besonders spürbar. Gesteckte, selbstzentrierende Düsen sind in der Regel größer und so in mehrfacher Hinsicht leichter zu handhaben. Auch ist es bei gesteckten Farbdüsen wesentlich leichter, die Nadel nach vorn herauszuziehen und wieder einzusetzen. Auf diese Weise kann die empfindliche Nadelspitze nicht so leicht beschädigt werden.

Ein weiterer Gesichtspunkt bei der Wahl des Airbrushs kann der „Systemcharakter" des fraglichen Gerätes sein, also seine Erweiterungs- und Anpassungsfähigkeit für unterschiedliche Aufgaben. Von austauschbaren Luftköpfen und Farbbehältern mit unterschiedlichem Fassungsvermögen über auswechselbare Farbdüsen in mehreren Bohrungsgrößen – meist gemeinsam mit Saugkappe und Nadel umzusetzen – bis hin zu Schnellkupplungen,

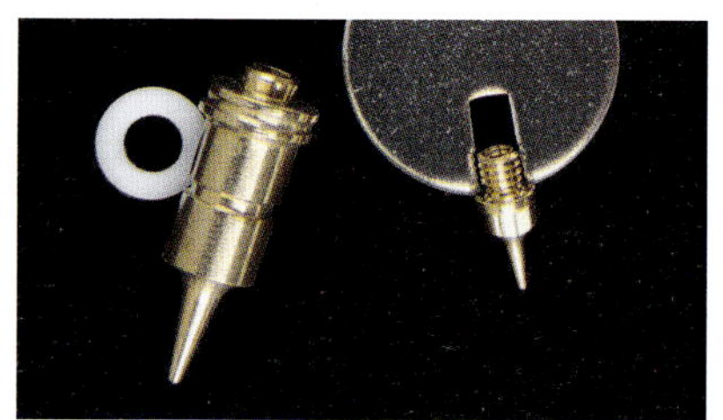

Bild 1-13: Ein Unterschied von geschraubten zu gesteckten Farbdüsen (gleiche Düsenbohrung!): Gesteckte, selbstzentrierende Düsen sind in der Regel größer und so in mehrfacher Hinsicht leichter zu handhaben.

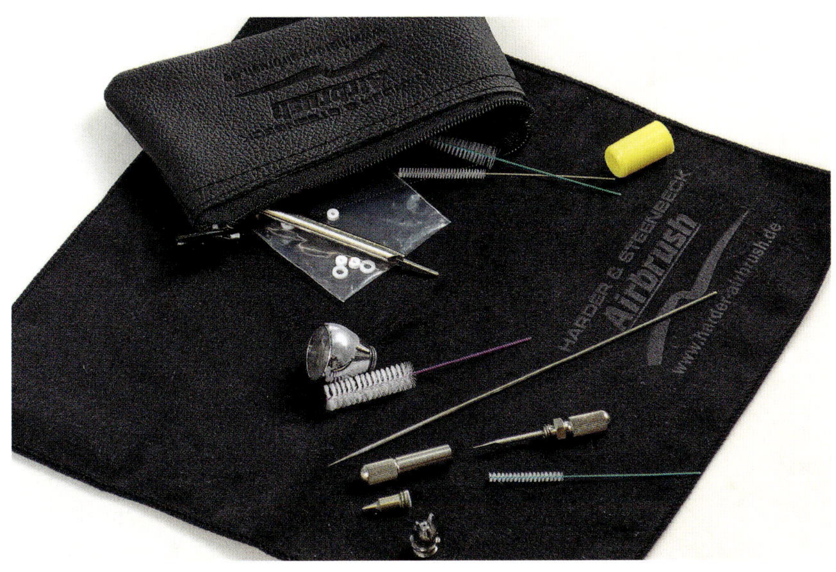

Bild 1-14: Auswechselbare Düsen-/Nadelsätze, verschiedene Farbbehälter, unterschiedliche Luftköpfe inkl. Sprenklerkappe, eine Reinigungsnadel, Werkzeuge und Ersatzteile: das und mehr gehört in ein professionelles Airbrushsortiment.

Bild 1-16: Airbrushhalter gibt es in vielen Varianten. Sie sollten dem abgelegten Airbrush in erster Linie sicheren Halt geben!

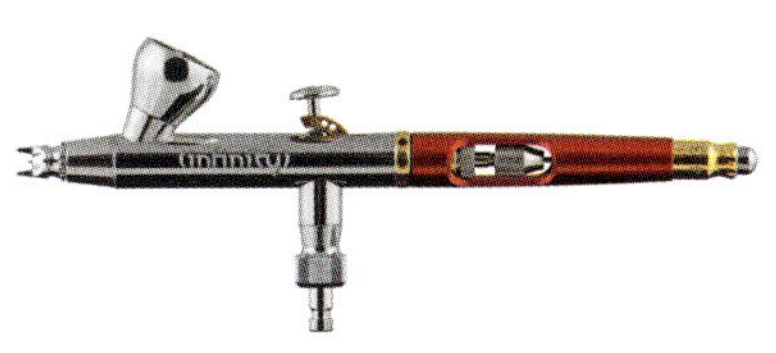

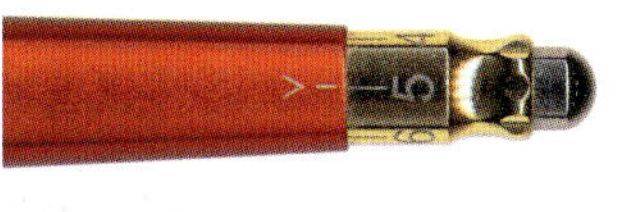

Bild 1-15: Ein Quick-Fix-Griffstück für die Farbmengenbegrenzung: „Quick-Fix" bedeutet, dass die Nadelwegsbegrenzung mittels eines Druckmechanismus aktiviert wird. Die Begrenzung des Nadelhubs auf eine bestimmte Farbmenge erfolgt dann durch das Verdrehen des skalierten Verstellringes.

speziellen Griffkappen und guten Reinigungswerkzeugen gibt es innovatives und interessantes Zubehör.

Einem Zubehörteil, das zu jedem Airbrush gehört, kommt eine ganz besondere Bedeutung zu: Bevor überhaupt Farbe in den Airbrush gefüllt wird, ist natürlich zu klären, wo dieser dann sicher abgelegt werden kann, ohne dass die Spritzfarbe ausläuft. Airbrushhalter gibt es in den verschiedensten Ausführungen von allen wichtigen Herstellern. Augenfälligste Unterschiede: Die Halter werden entweder am Tisch angeschraubt, stehen frei auf dem Tisch oder sind mit anderen Zubehörteilen fest verbunden. Wichtig ist es, dass der Apparatehalter einen wirklichen Halt bietet (siehe dazu auch Kapitel 8 „Eine Airbrushanlage für unterwegs?“)!

Zu guter Letzt ein sehr wichtiger Tipp in historischer Fassung: Auf einer Originalspritzprobe, die früher den Spritzapparaten stets beilagen, ist Folgendes vermerkt:

Bild 1-17: Historische Originalspritzprobe

A c h t u n g! Düse und Nadel nicht beschädigen. Die Nadel ist bei Lieferung um etwa 6 - 8 mm zurückgezogen. Diese Stellung muss immer eingehalten werden, wenn man mit dem Apparat nicht arbeitet sowie bei der Reinigung des Gerätes nach dem Spritzen. Schutzkappe und Luftdüse dürfen nur bei zurückgezogener Nadel abgeschraubt werden, da sonst die Nadel unweigerlich verbogen wird und der Apparat kann nicht mehr einwandfrei arbeiten. Bei Aufnahme der Arbeit ist die Stellschraube des Nadelreiters zu lösen, die Nadel vorsichtig nach vorn zu schieben, bis sie anschlägt, und die Nadel, geschützt durch die Schutzkappe, aus der Farbdüse etwa 2 - 3 mm herausschaut. In dieser Stellung ist die Nadel wieder festzuschrauben und das Gerät ist wieder arbeitsbereit. Nur sorgfältige Reinigung nach j e d e m Spritzen garantiert für jahrelange Haltbarkeit.

Anmerkung mit Blick auf dieses historische Dokument: Die Vermutung, dass das Thema „Airbrush im Modellbau“, neueren Ursprungs sei, wird hin und wieder noch geäußert. Tatsächlich aber waren Spritzapparate in einer für Modellbauer interessanten Form schon vor dem Ersten Weltkrieg weit verbreitet und kamen früh im Modellbau wie in der Spielzeugindustrie zum Einsatz.

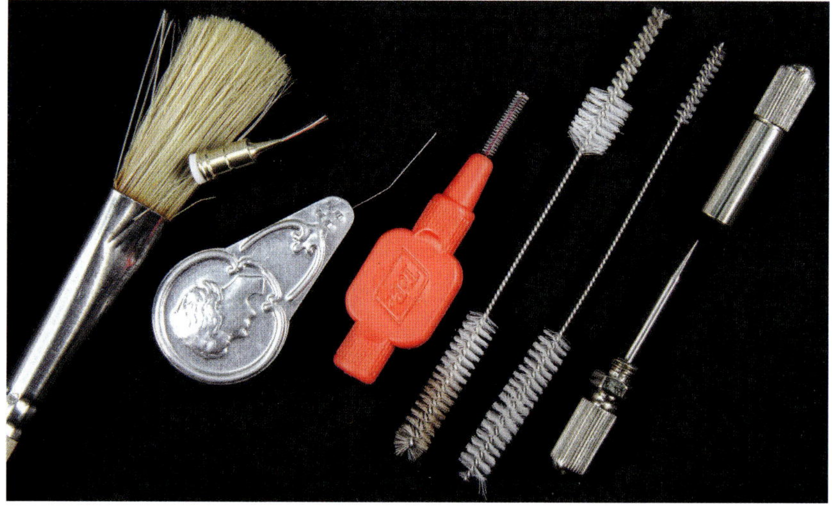

Bild 1-18: Hilfsmittel zum Reinigen und Pflegen des Airbrushs.
Zum Reinigen und Pflegen des Airbrushs lassen sich im Haushalt wie im Fachhandel zahlreiche Hilfsmittel finden. Von links nach rechts sind dies: ein Borstenpinsel, dessen Borsten sich durch die Farbdüse schieben lassen, eine Einfädelhilfe (Nadeleinfädler für Nähgarn) mit einem herausgezogenen Drahtende (gegen festgesetzte Farbpartikel in der Düse), eine Interdentalbürste zum Reinigen der Farbkanäle, zwei Bürstenpaare zum Reinigen von Düse, Farbkanal und Düsenspitze sowie eine Düsenreinigungsnadel (gegen festgesetzte Farbpartikel).

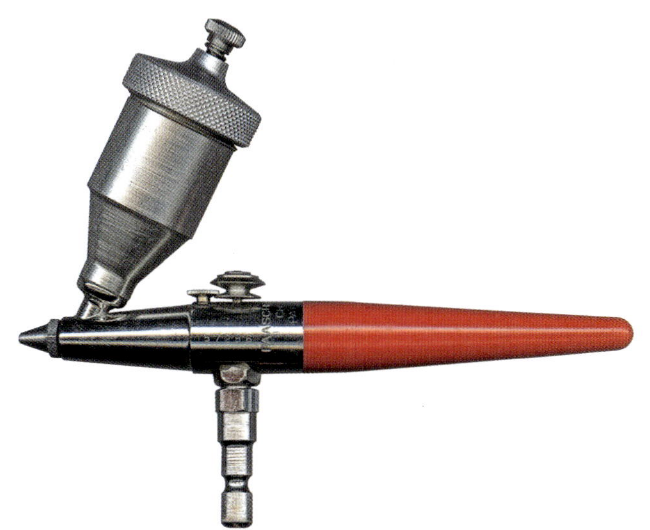

Bild 1-19: Der Air Eraser – ein Gerät mit der Wirkung eines kleinen Sandstrahlgeräts

Der Air Eraser

Fehlt noch ein sehr interessanter Spritzapparat, der wie ein kleines Sandstrahlgerät arbeitet. Der Air Eraser (= Luftradierer) gleicht äußerlich einem größeren Airbrush. Anstelle von Farbe transportiert der austretende Luftstrahl jedoch ein sehr feines Pulver (z.B. Aluminiumoxid). Dieses trockene Pulver wird in den fest zu verschließenden Staubbehälter gefüllt und durch die von unten eintretende Druckluft aufgewirbelt. Das aufgewirbelte Pulver wird dann vom vorn austretenden Luftstrahl angesaugt und auf den zu bearbeitenden Untergrund geblasen. Der entstehende „Sandstrahleffekt" trägt so Farbschichten ab oder rauht Oberflächen auf.

Für den Modellbauer ist der Air Eraser sowohl zum Entfernen von Altlacken (siehe die Metallmodelle in Kapitel 4, speziell die Lok) wie auch für die Oberflächenbearbeitung ganz allgemein interessant.

Vorsicht: Das Arbeiten mit dem Air Eraser erfordert besondere Maßnahmen zur Sicherheit mit Atemschutz und Absauganlage. Die Herstellerhinweise sind zu beachten!

Bild 1-20: Beispiel für eine Alterung mit dem Air Eraser. Aus den beiden übereinander stehenden Rädern links im Bild entstand das gealterte Rad rechts außen. Vom oberen Rad wurde der Schriftzug und das Weiß auf dem Reifen „wegradiert". Das Rad darunter lieferte die jetzt rote Felge und die Radkappe, deren Glanz weggestrahlt wurde. Die Räder gehören zum Übungsmodell in Kapitel 4.

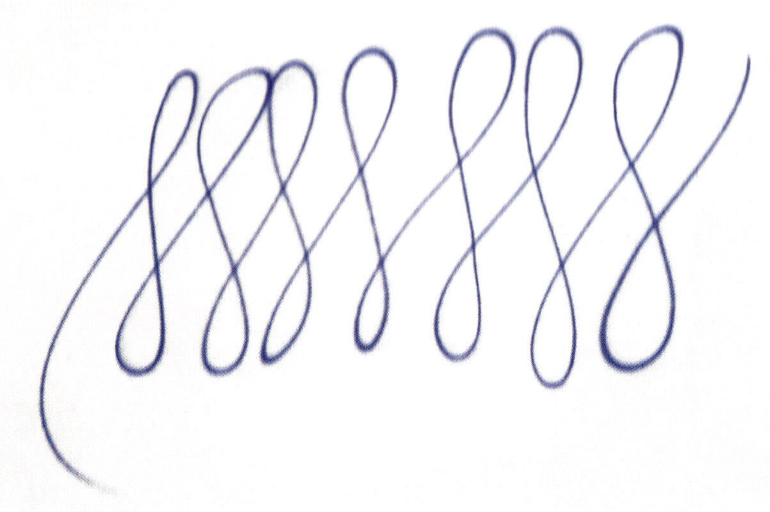

Bild 1-21: Eine rasch angelegte Spritzprobe belegt, dass der Airbrush zusammen mit der (Luft-)Druckquelle einwandfrei funktioniert.

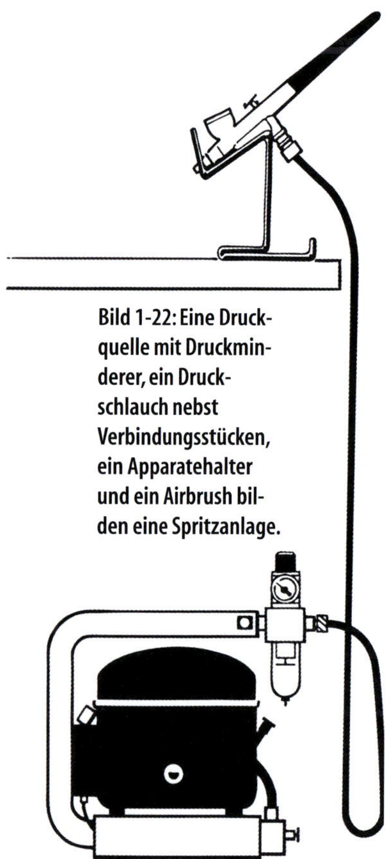

Bild 1-22: Eine Druckquelle mit Druckminderer, ein Druckschlauch nebst Verbindungsstücken, ein Apparatehalter und ein Airbrush bilden eine Spritzanlage.

Die Druckquellen

Eine entscheidende Voraussetzung für ein brauchbares Spritzbild – den mit dem Airbrush gespritzten Farbauftrag – ist eine geeignete Druckquelle. Als Druckquellen kommen Kompressoren, Kohlensäureflaschen (für den kommerziellen Bierausschank beispielsweise) und Treibgasdosen (airbrush propellant) in Betracht. Das Spritzgerät wird mit einem Druckschlauch an diese angeschlossen.

Konstanter Druck ist gefragt

Geeignet sind Druckquellen, die den angeschlossenen Spritzapparat mit einem konstanten, pulsfreien Arbeitsdruck (= Druck während des Spritzens) von 2 bar versorgen können. Leider ist es nicht ganz selbstverständlich, dass alle für den Airbrush angebotenen Druckquellen dies wirklich leisten. Zudem: Gerade diese leistungsschwachen Druckquellen verfügen meist auch nicht über eine vernünftige Druckanzeige, sodass zur Ermittlung ihres Leistungsvermögens oft probehalber gespritzt werden muss. Auch kann es durchaus der Fall sein, dass der benötigte Arbeitsdruck in Verbindung mit dem einen Airbrush erreicht wird, mit einem anderen jedoch nicht, da die Spritzgeräte unterschiedlich viel Luft verbrauchen.

Der durchschnittliche Luftverbrauch eines Airbrush beträgt bei einem Druck von 2 bar etwa 7 bis 15 Liter pro Minute. Bei einzelnen Spritzapparaten kann dieser Wert etwas darunter oder sogar noch höher liegen.

Bild 1-23: Wenn der (Luft-)Druck zu gering wird, können solche „Sprenkelbilder" entstehen.

Eine als brauchbar zu bezeichnende Druckquelle muss somit die jeweils erforderliche Treibmittelmenge mit dem entsprechenden Arbeitsdruck (also bei geöffnetem Luftventil des Airbrushs) über einen Zeitraum von mehreren Minuten hintereinander gleichbleibend abgeben können.

Liegt der Luftverbrauch eines Airbrush nun über der Treibgasmenge, die eine Druckquelle maximal abgibt, wird diese keinen ausreichenden Arbeitsdruck aufbauen können. Die Folge davon ist entweder überhaupt kein Spritzbild oder nur ein sehr körniges. Da viele Spritzgerätehersteller keine genauen Angaben zu den Verbrauchswerten ihrer Apparate machen, heißt dies: im Zweifelsfall – soweit möglich - den Airbrush probehalber an die Druckquelle anschließen, wenn für die Druckquelle ebenfalls keine Angaben vorliegen bzw. deren Luft-Ansaugleistung und -Abgabe unter 20 Litern pro Minute liegt.

Treibgasdosen können problematisch werden. Die preisgünstigste Druckquelle scheint im ersten Augenblick häufig die Treibgasdose zu sein. Das stimmt jedoch nicht einmal, wenn lediglich hin und wieder kleinere Arbeiten mit möglichst geringem Zeitaufwand ausgeführt werden sollen. Für umfangreiche, zeitaufwendige Arbeiten können Treibgasdosen sogar zur teuersten aller Druckquellen werden. Außerdem ist es bei lang andauernden Spritzvorgängen schwierig, den Spritzdruck konstant zu halten. Es kommt zu einem Druckabfall durch Verdunstungskälte. In dieser Hinsicht unproblematisch sind in jedem Fall große Kohlensäureflaschen, die mit einem Reduzierventil nebst Manometer zur Regulierung des Spritzdrucks auszurüsten sind.

Bild 1-24: Treibgasdosen sind die auf mittlere Sicht teuerste Druckquelle. Treibgasdosen, Reduzierventile und Schläuche gibt es von unterschiedlichen Herstellern. Wichtig: Die Anschlussstücke am Schlauch und am Airbrush müssen zueinander passen.

Kompressoren und ihre Kriterien

Bei den Kompressoren, die für die Airbrush-Technik in einer Vielzahl von Modellen mit großen Unterschieden hinsichtlich Leistung, Ausstattung und Qualität angeboten werden, hat über die bereits genannten Anforderungen hinaus (Ansaugleistung über 20 Liter/Minute, Arbeitsdruck 2 bar) das Kriterium der Arbeitsdauer große Bedeutung. Hier ist es die mögliche

Überhitzung des Motors durch Überlastung und die Bildung von Kondenswasser bei ausgedehnten Arbeiten, die gerade bei kleinen Kompressoren Probleme schaffen können. Kondenswassertropfen, die unbemerkt mit der Luft in den Spritzapparat gelangen, jagen einem meist einen gehörigen Schrecken ein, wenn sie nicht sogar den Farbauftrag völlig verderben. Zu beachten ist auch: Wie hoch ist das Laufgeräusch eines Kompressors, welcher Lärm ist Familienangehörigen oder Nachbarn noch zumutbar?

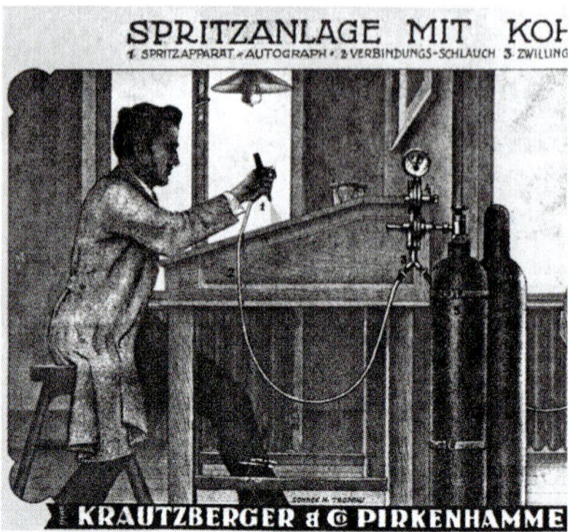

Bild 1-25: Groß und schwer: Kohlensäureflaschen mit Druckminderer auf dem Titelbild eines historischen Prospektes

Welcher Motorentyp ist hier sinnvoll?

Beim Laufgeräusch unterscheiden sich die im Airbrushbereich verwendeten Kompressormotoren hörbar. Motoren, wie sie im Kühlschrankbau verwendet werden, sind sicherlich die leiseste Variante. Ihr Geräuschpegel schwankt je nach Bauart und Werksangabe natürlich messbar. Ein Betriebsgeräusch von etwa 38db (Herstellerangabe) wird kaum jemanden stören.

Bei einem vergleichbaren ölfreien Kompressor für den Airbrushbetrieb liegt die Geräuschemission mit 51 dB (lt. Hersteller) höher. Diese Kompressorentypen haben freistehende Elektroaggregate. Zum Laufgeräusch hinzu können bei diesen Geräten, speziell bei kleinen Typen, Vibrationen kommen, die sich als zusätzliches Brummen bemerkbar machen. Kleine Kompressoren gehen durch diese Vibrationen manchmal sogar „auf Wanderschaft".

Richtig laut wird es mit Kompressoren, die für das Handwerk konzipiert sind. Dazu zählen auch die größeren Geräte, die im Baumarkt angeboten werden. Bei dieser Gerätegruppe mit Werten beim „Schallleistungspegel" von 94db (nach EN ISO 2151) laut Betriebsanleitung wird die Verwendung eines Gehörschutzes(!) nahegelegt. Für das Bearbeiten von Modellen sind diese Geräte auch von ihren Leistungswerten und ihren Außenmaßen her doch eher „überdimensioniert".

Um den Umgang mit Leistungsangaben für Kompressoren etwas zu vereinfachen, hier einige wenige Anhaltspunkte: Für den professionellen Einsatz in Bereichen wie Kunst und Modellbau werden wegen der Laufzeit- und Kondenswasserproblematik auto-

Bild 1-26: Verschiedene Kompressoren vom einfachen kleinen Hobbygerät (vorn Mitte) bis zum Atelierkompressor für Profis (rechts)

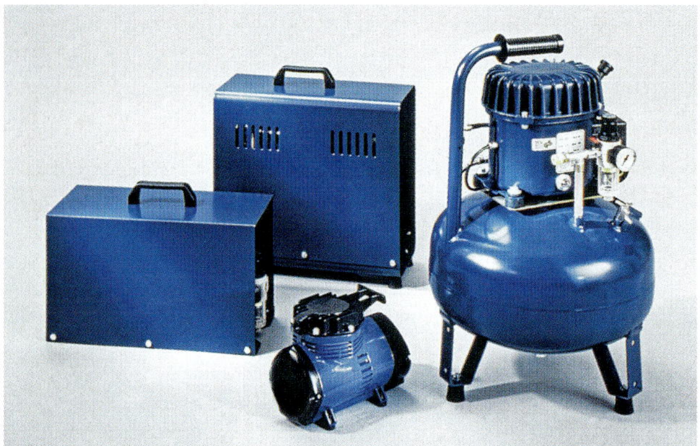

Bild 1-27: Ein Kompressorantrieb, wie er auch am häuslichen Kühlschrank zu finden sein kann

Bild 1-28: Einfache Elektroantriebe werden als „ölfrei" bezeichnet.

Bild 1-29: Große Kompressoren aus dem Baumarkt sind für den Airbrush kaum zu empfehlen.

matisch geschaltete, geräuscharme Atelierkompressoren mit einer Ansaugleistung von 30 bzw. 50 Litern je Minute und einem Drucktankvolumen von etwa 8 bis 10 Litern, d.h. einer Füllmenge von 64 bis 80 Litern Luft bei 8 bar Tankdruck, bevorzugt. Ein solches Gerät ist im Betrieb nicht lauter als ein normaler Kühlschrank im Haushalt.

Überlegungen zum Kauf einer Druckquelle

Fazit: Bei der Suche nach der sinnvollsten Druckquelle ist der benutzte Airbrush ebenso zu berücksichtigen wie die Größe der auszuführenden Arbeiten und die Arbeitsdauer, die längstens gespritzt werden soll. Das schließt natürlich mit ein, dass auch eine sehr kleine Spritzanlage durchaus gute Ergebnisse liefern kann, wenn Airbrush und Minikompressor wirklich aufeinander abgestimmt sind und zudem tatsächlich nur kleine Modelle gezielt und mit sehr geringem Zeitaufwand bearbeitet werden. Darauf wird im Kapitel 8 „*Eine Airbrushanlage für unterwegs?*" näher eingegangen.

Außer auf diese rein technischen Aspekte sollte man beim Erwerb der Airbrush-Ausrüstung natürlich auch auf Preisunterschiede bei technisch gleichwertigen Spritzanlagen achten. Aber Vorsicht: Manche Produkte erscheinen äußerlich identisch, sind jedoch Plagiate in recht bescheidener Material- und Verarbeitungsqualität. Sparen am falschen Ende zahlt sich hier nicht aus! Vergleiche bei Markenprodukten anzustellen, wird in keinem Fall schaden.

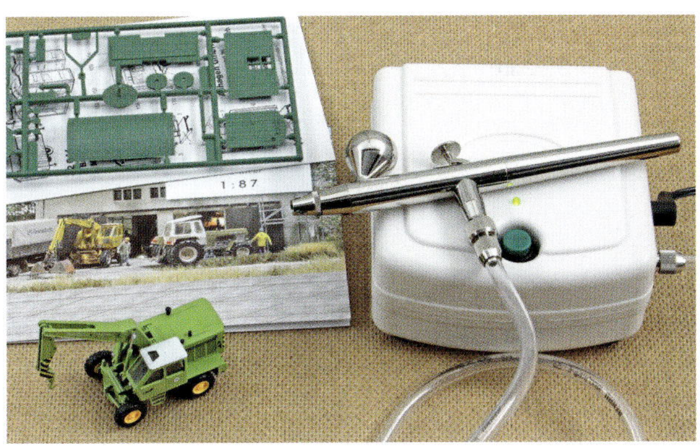

Bild 1-30: Für kleine Farbaufträge, die schnell erledigt sind, lassen sich auch mit solch einer Spritzanlage durchaus gute Ergebnisse erzielen, wenn Airbrush und Minikompressor zueinander passen.

KAPITEL 2

Erste Übungen auf einem Entwurfsbogen

Auf Papier und Fotokopien lassen sich die ersten Erfahrungen mit dem Airbrush sammeln. Lernen, wie man Flächen, Verläufe, Linien und Punkte spritzt und natürlich auch, wie man zum passenden Maskiermaterial kommt und es richtig einsetzt. So in die Materie einzusteigen schont die Nerven, es ist entspannter, als gleich dreidimensional zu beginnen.

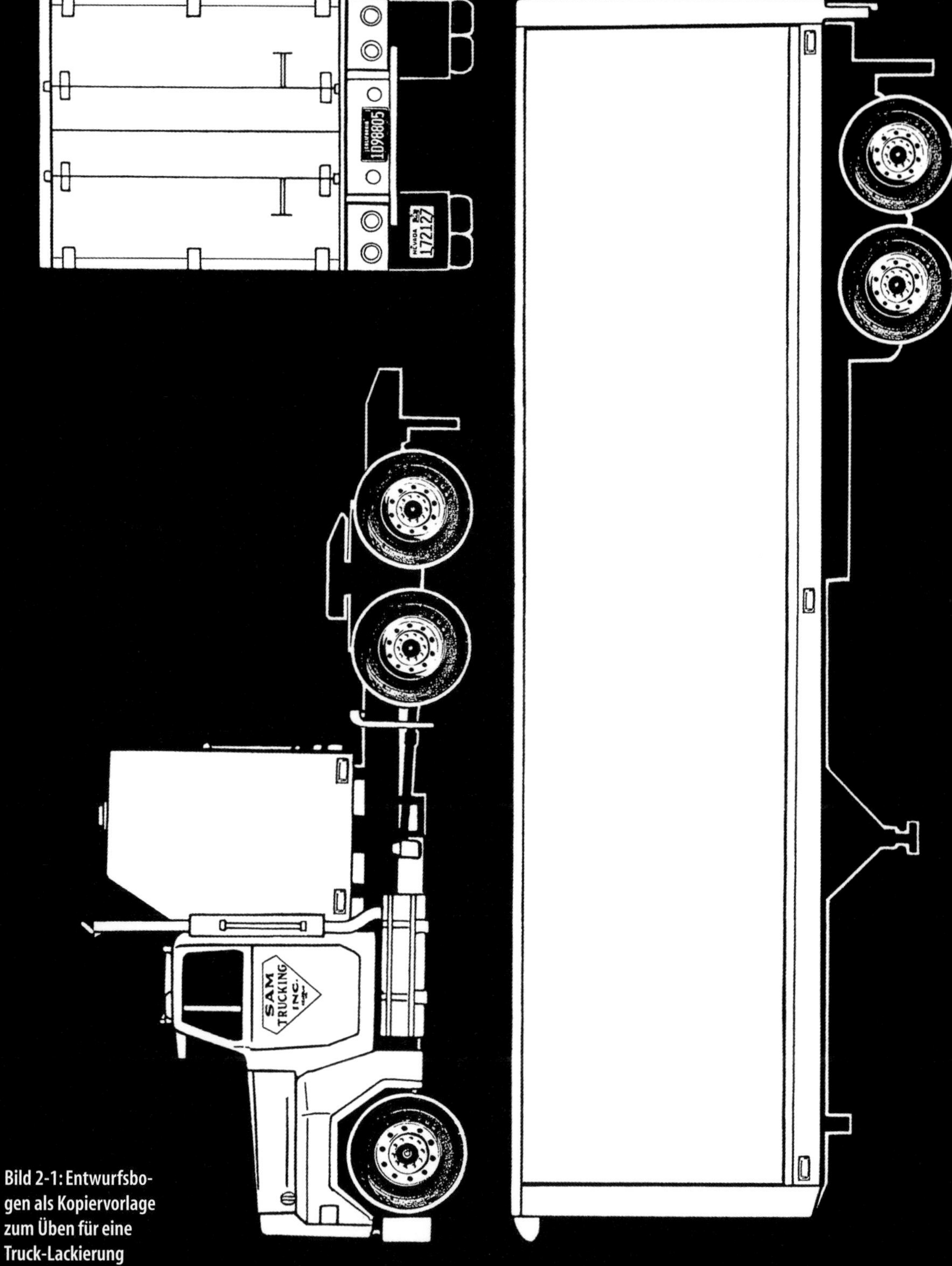

Bild 2-1: Entwurfsbogen als Kopiervorlage zum Üben für eine Truck-Lackierung

Arbeiten Sie bei den ersten Spritzversuchen mit einer (Modellbau-) Farbe, die wasserverdünnbar und für den Airbrush geeignet ist.

Sogenannte Airbrush-Farben, also flüssige, spritzbare und wasserverdünnbare Acrylfarben, lassen sich sowohl in den Sortimenten der Künstlerfarbenhersteller wie auch direkt als Modellbaufarben finden. Bei diesen Farben geht es generell um pigmentierte Farben, Farben also, die mit und um feste Bestandteile herum aufgebaut sind, um Beständigkeit und Deckkraft zu gewährleisten.

Ursprünglich für künstlerische und grafische Arbeiten entwickelt, lassen sich wasserverdünnbare Airbrush-Farben in der Regel problemlos spritzen (wohlgemerkt: Airbrush-Farben, denn nicht alle wasserverdünnbaren Modellbaufarben / Acrylfarben sind für den Airbrush geeignet). Airbrush-Farben werden als „gebrauchsfertig", „ready to use" und „unverdünnt zu verarbeiten" angeboten, sind aber meist recht konzentrierte Farben, die mit einem und mehr Teilen Wasser auf einen Teil Farbe verdünnt werden können.

Verdünnt werden die Farben für die ersten Übungen in Leerflaschen aus den Farbsortimenten oder in kleinen Marmeladengläsern. Beim Befüllen des Airbrushs hilft eine Pipette, wenn das gewählte Behältnis nicht über eine Dosierkappe verfügt. Egal, auf welcher Art Material gespritzt wird, sind es immer die vier Spritzvorgänge von Flächen, Verläufen, Punkten und Linien, die einzeln oder zusammen sowohl bei einer einfachen Lackierung als auch bei einem sehr aufwendigen Motiv vorkommen.

Fotokopien als Übungsbogen

Damit die folgenden Übungen schon einen Bezug zur späteren Anwendung haben, also nicht zu abstrakt bleiben, sind Fotokopien von Strichzeichnungen resp. Umrisszeichnungen gut geeignete Übungsbogen. Klare Seitenansichten aus Bauanleitungen werden fotokopiert und je nach Modell und Bauplan vergrößert, verkleinert und freigestellt. Dass so vorbereitete Arbeitsblätter sich nicht nur als Übungsbogen, sondern generell auch für die Planung von Motiv- und Designlackierungen eignen, zeigt die ausführliche Anleitung im Kapitel 5 *Arbeitstechniken und Spezialfarben bei Funktionsmodellen.*

Den Spritzgrund herstellen

Als Spritzgrund für die allerersten Spritzversuche reicht einfaches Schreibmaschinen- bzw. Fotokopierpapier im Format DIN A4 oder besser noch DIN A3.

Der ganzseitige Entwurfsbogen für die Truck-Lackierung wird mit dem Kopierer auf das Format DIN A4 oder größer gebracht. Auf dieser Fotokopie wird jetzt übungshalber direkt gespritzt.

Aus einer zweiten, gleich großen Kopie wird die auf dem Bild 2-11 gezeigte Maske gefertigt.

Das Spritzen von Linien

Spritzen Sie immer senkrecht, also im rechten Winkel zum Spritzgrund! Als erste Übung ist das Spritzen von Linien in unterschiedlicher Dicke gut geeignet. Es ist gleichzeitig eine sinnvolle

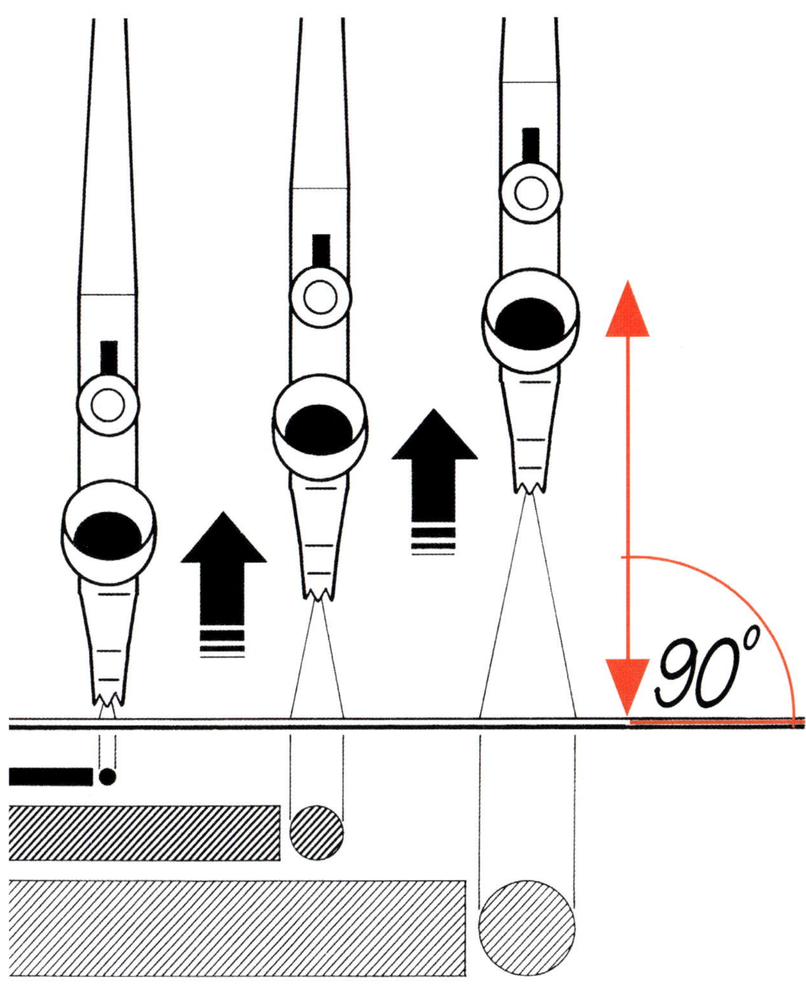

Bild 2-2: Beim Spritzen von Linien hängt die Linienbreite vom Abstand des Airbrushs zum Bildträger ab. Gesprüht wird immer senkrecht.

Funktionsprüfung für den Airbrush vor jedem Arbeitsbeginn.

Beginnen Sie mit kleinen Zeichnungen (es müssen ja nicht gleich Picasso-Grafiken werden).

Etwas schwieriger wird es beim Anlegen eines möglichst gleichförmigen Schriftzuges. Dieser muss jedoch nicht bereits nach dem ersten Spritzgang sein endgültiges Aussehen bzw. die gewünschte Intensität haben; gerade beim Arbeiten mit dem Airbrush ist es meist sinnvoll, den gewünschten Farbauftrag in mehreren Durchgängen Schritt für Schritt aufzubauen.

Die Linienbreite beeinflussen

Beim Versuch, sauber begrenzte, gleichförmige Linien anzulegen, merkt man schnell, wie sich die Linienbreite mit der Entfernung des Spritzgerätes zum Bildträger verändert (Bild 2-2). Dabei muss mit verändertem Abstand zwischen Airbrush und Spritzgrund die freigegebene Farbmenge nachreguliert werden, wenn unterschiedliche Strich-

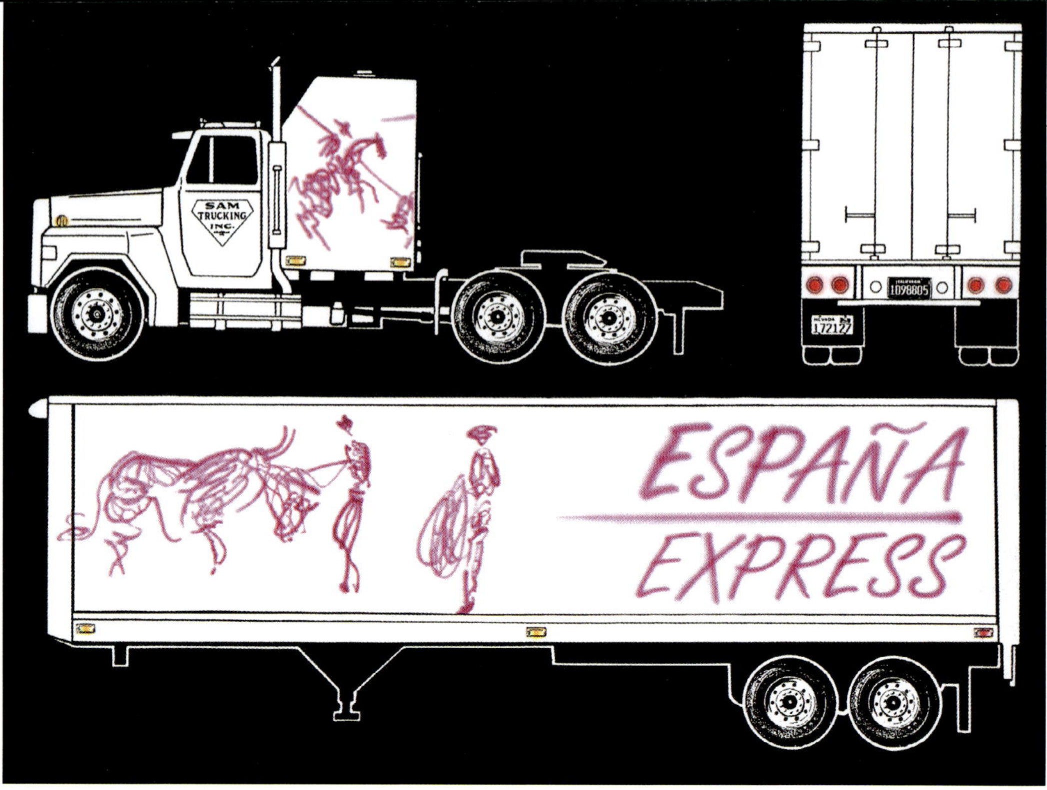

SAM
TRUCKING
INC.
ESPAÑA
EXPRESS

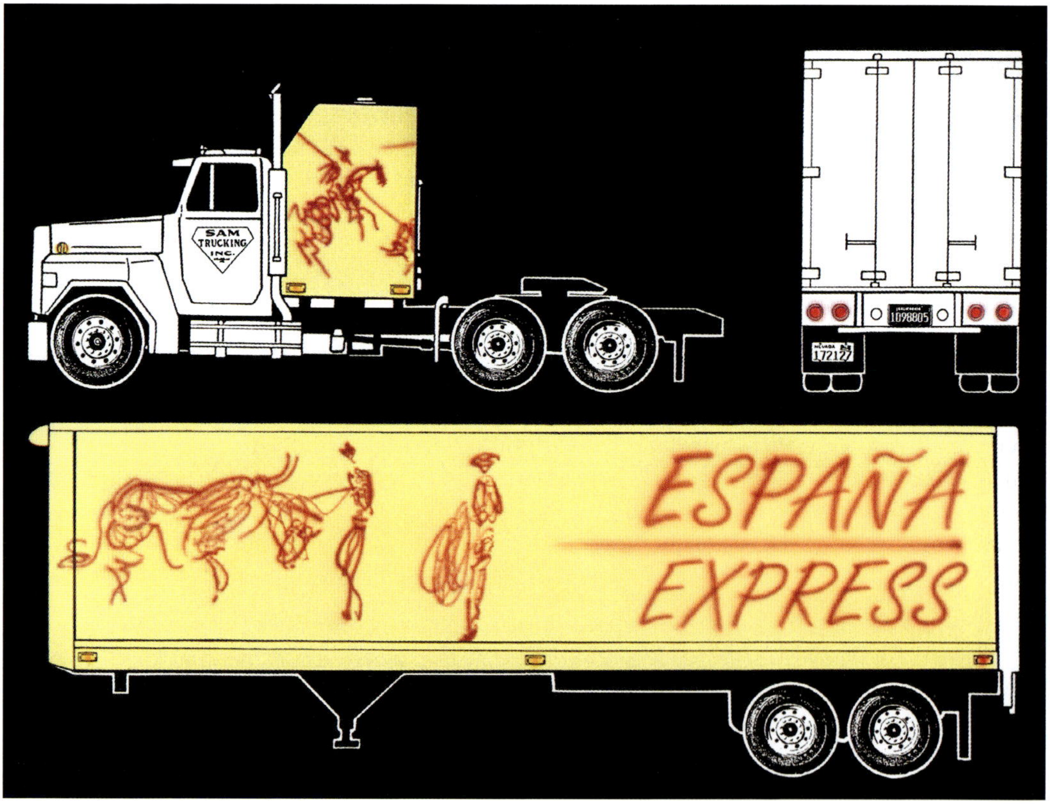

SAM
TRUCKING
INC.
ESPAÑA
EXPRESS

breiten mit gleichbleibender Farbigkeit/Farbstärke gespritzt werden.

Mängel beim Spritzen der Linien

Entstehen anstatt der erhofften in sich homogenen Striche recht unsaubere Streifen mit merkwürdigen Rändern und Flecken bzw. längliche Gebilde, die ein bisschen wie Mikroorganismen aussehen, so ist die freigegebene Farbmenge zu groß. Das kann zwei Gründe haben: Entweder ist die Nadel zu weit zurückgezogen gemessen am Abstand, den das Gerät zum Spritzgrund hat, oder die Geschwindigkeit, mit der der Airbrush bewegt wird, ist für die versprühte Farbmenge zu gering.

Lässt sich die Farbmenge nicht vernünftig dosieren – Bedienungsfehler ausgeschlossen –, dann können unsaubere Spritzbilder auch ein Indiz für ein mangelhaft zusammengesetztes Gerät, eine defekte Farbdüse oder auch eine zerstörte Nadel sein. Das Gerät ist dann vor der Weiterarbeit unbedingt sorgfältig zu überprüfen und instand zu setzen.

MERKE
Zu nasse Spritzbilder führen zu vielfältigen Problemen und sind – falls nicht für bestimmte Effekte beabsichtigt – beim regulären Spritzen unbedingt zu vermeiden!

Bild 2-9: Nach dem Spritzen des Verlaufs ist der Entwurf fertig.

Bild links oben 2-3: Mit kleinen Grafiken à la Picasso und schwungvollen Schriftzügen geht's los.

Bild links unten 2-4: Über die grafischen Elemente auf den Seiten des Trucks wird Gelb flächig gespritzt.

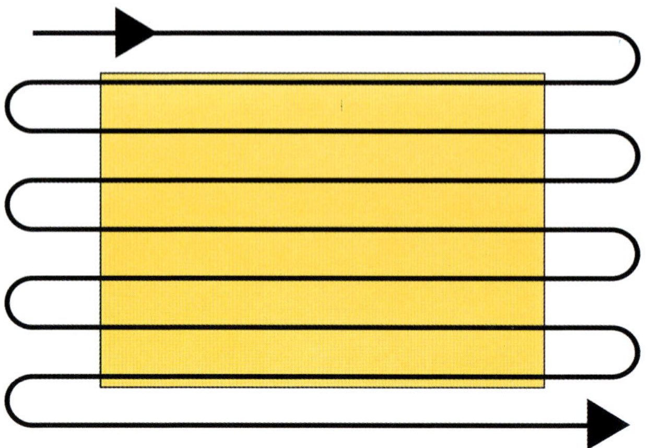

Bild 2-5: Der Bewegungsablauf beim Spritzen einer homogenen Fläche (von oben gesehen). Er führt zu dem Gelb auf den Seitenwänden des Trucks.

Das Spritzen von Punkten

Ebenso viel Aufmerksamkeit und Übung wie das Spritzen von Linien – wobei sich später in vielen Fällen auch Lineale und Kurvenlineale in Verbindung mit einer Linealführung (Bild 7-9, Seite 178) zu Hilfe nehmen lassen – verlangt das Anlegen einer Serie nahezu gleicher Punkte. Sie können das auf dem Entwurfsbogen für den Truck sowie an den Rücklichtern und den seitlichen Begrenzungsleuchten üben (Bild 2-3, Seite 26).

Haben Sie das Spritzen von Punkten eine Weile geübt – und damit oder durch das Ziehen von Testlinien sichergestellt, dass der Airbrush einwandfrei funktioniert –, müssen Sie für das Herstellen einer Fläche oder eines Verlaufs etwas umdenken, weil es andere Anforderungen an das Sehen und Spritzen stellt.

Bild 2-6: Der Bewegungsablauf beim Spritzen eines Verlaufs (von oben gesehen)

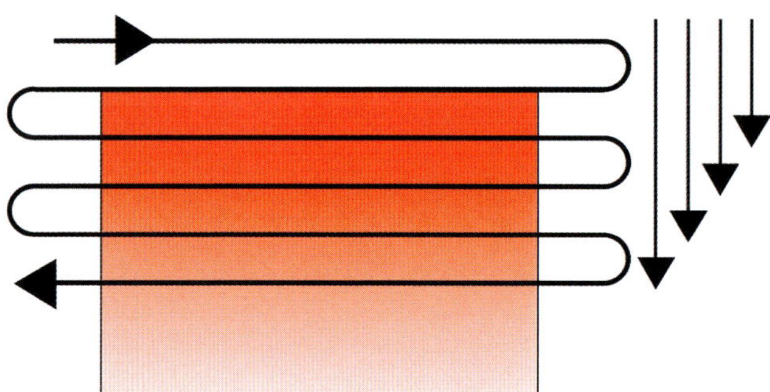

Das Spritzen von Fläche und Verlauf

Während beim Spritzen von Punkten und Linien das Spritzbild unmittelbar entsteht und sichtbar wird, werden beim Anlegen einer Fläche oder eines Verlaufs möglichst feine Farbaufträge in einer ganzen Reihe von Arbeitsgängen übereinandergelegt, bis die gewünschte Farbstärke erreicht ist (Bild 2-4, Seite 26).

So folgt beim Truck-Entwurf nach dem Spritzen von Linien und Punkten das flächige Überspritzen mit Gelb. Dabei wird der Airbrush beim Spritzen immer gleichmäßig geführt, bis der Farbauftrag nach einigen (!) Durchgängen die gewünschte Stärke hat (Bild 2-5). Der Spritzabstand, also der Abstand zwischen Airbrush und Motiv, beträgt hier 15 bis maximal 20 cm.

Beim Verlauf ist die dunkler anzulegende Seite intensiver, d. h. mehrfach zu überspritzen (Bild 2-6).

Die Bewegung, mit der der Airbrush über den Spritzgrund geführt wird, erfolgt dabei mit dem ganzen Arm und nicht aus dem Handgelenk heraus. Das ergibt sich zwangsläufig daraus, dass der Airbrush in beiden Fällen – bei Fläche und Verlauf – senkrecht geführt werden muss (Bild 2-7).

„Lange" und „kurze" Verläufe

Ein „kurzer" Verlauf unterscheidet sich von den eben beschriebenen „langen" Verläufen dadurch, dass mit dem Airbrush immer auf die Schnittkante der Maskierung gezielt wird. Beginnend mit einer Volltonlinie, die aus ganz geringer Höhe über der Schnittkante angelegt wird, vergrößert sich der Abstand zwischen Airbrush und Spritzgrund langsam bis zu einer maximalen Höhe von ca. 20 cm.

Entsteht das Truck-Motiv auf einem Übungsbogen im Format DIN A4, so ist dieser für einen langen Verlauf zu klein, während mit einem kurzen Verlauf das gewünschte Spritzbild gelingt (Bild 2-8/Bild 2-9, Seite 29/27).

Die Aufgabe der Maskierung

Einen Sprühstrahl, der seitlich scharf begrenzt ist, gibt es nicht. Der Blick in eine Autolackiererei offenbart dies schon anhand der sorgfältig abgeklebten Autos. Mit Papier, Plastikfolie und Klebeband sind alle Fahrzeugteile, die nicht mitlackiert werden sollen, vor dem sich allseitig ausbreitenden Farbnebel geschützt (Bild 2-10).

Einfache Papiermasken herstellen

Ein solcher Schutz vor der sich ausbreitenden Farbe wird beim Arbeiten mit dem Airbrush Maskierung oder Maske genannt. Sie besteht in der simpelsten Form aus einem oder mehreren Bogen etwas kräftigeren Papiers oder Kartons. Wird entlang der fest aufliegenden Bogenkante gespritzt, entsteht ein scharf begrenzter Verlauf bzw. eine begrenzte Fläche mit scharfer Kontur und bei einer Schablonenform eine entsprechende Silhouette.

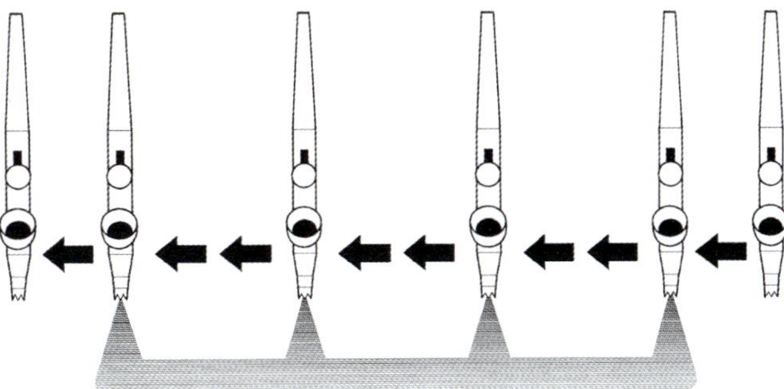

Bild 2-7: Auch beim Anlegen von Flächen und Verläufen wird der Airbrush senkrecht über den Spritzgrund geführt.

Die Maske im Bild 2-11 ist aus einer zweiten Fotokopie der Vorlage in Bild 2-1 entstanden. Die zu spritzenden Flächen sind bereits herausgeschnitten. Die Maske, welche die Spritzbilder auf dem Truck-Entwurf zur Seite hin begrenzt, liegt jetzt auf der Schneidematte ohne Spritzgrund darunter. Das Verrutschen bzw. Hochblasen einer solchen Maske beim Spritzen wird durch Gewichte wie Münzen, Schrauben, Metallbänder u. Ä. vermieden.

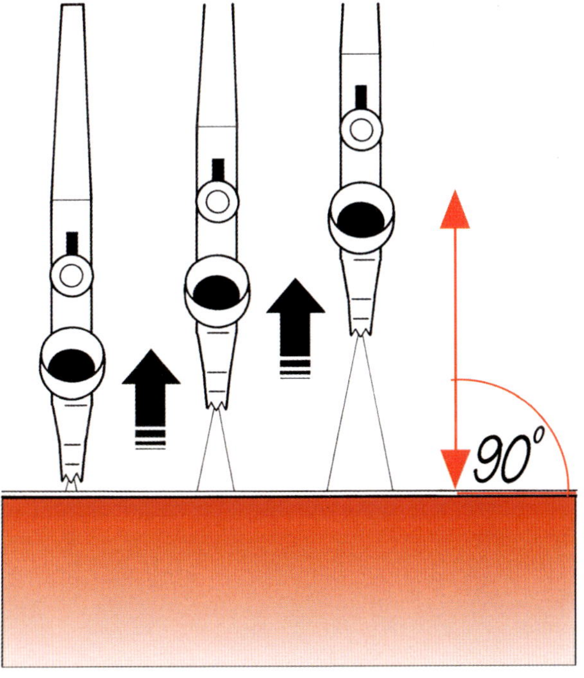

Bild 2-8: Ein kurzer Verlauf, über der Schnittkante einer Maskierung gespritzt.

Bild 2-10: Ein sicherlich bekannter Anblick: Sorgfältig mit Papier geschützte Autos in einer Lackiererei zeugen davon, dass es ohne Abdecken und Maskieren meistens nicht geht.

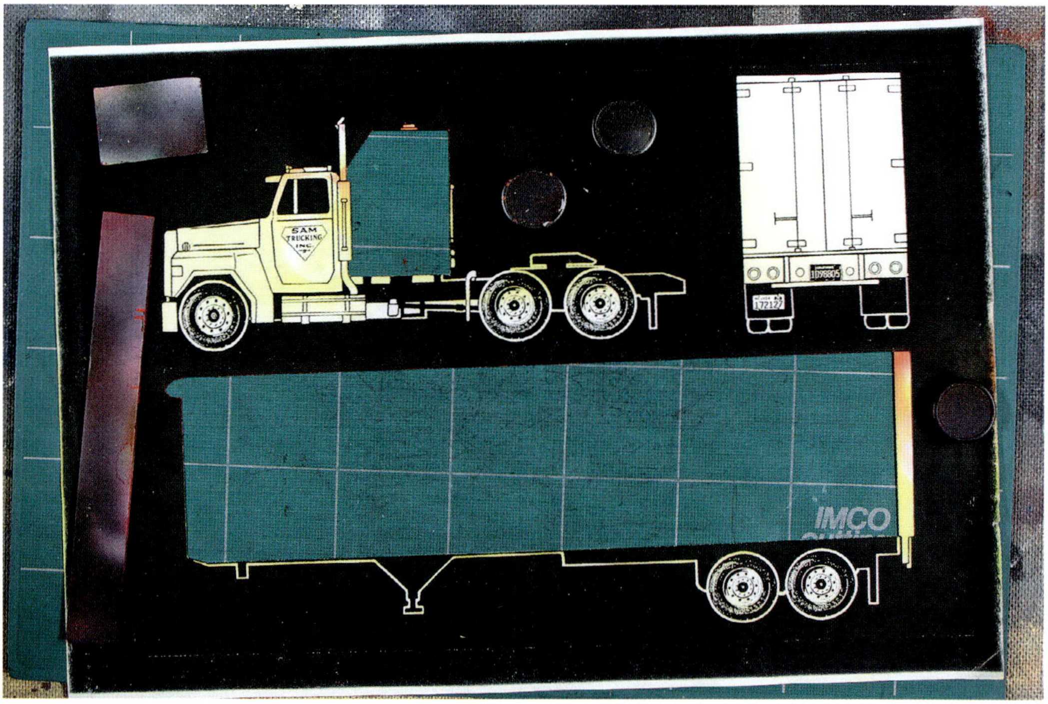

Bild 2-11: Aus einer weiteren Fotokopie des Entwurfbogens von Bild 2-1 entstand diese Maske für den Truck.

Unscharfe Konturen spritzen

Im Gegensatz zu einer scharf begrenzten Kontur beim Farbauftrag, den eine fest auf den Spritzgrund gedrückte Maske erzeugt, entsteht beim Überspritzen einer Maskenkante, die etwas

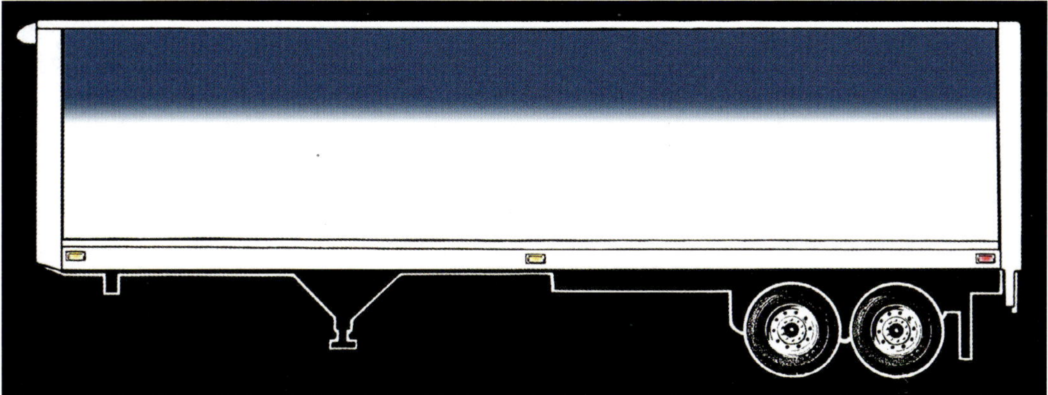

Abstand zum Untergrund hat, eine unscharfe Kontur – bei geringem Abstand – bzw. ein kurzer Verlauf bei größerem Abstand der Maske. Die Farbfläche im oberen Teil des Trailers wurde nach unten hin durch einen festen Karton begrenzt, der nicht auf dem Entwurfsbogen auflag.

Wie hoch die Maske tatsächlich zu halten ist, damit nur eine unscharfe Kontur oder ein kurzer Verlauf entsteht, lässt sich anhand einer kleinen Testreihe über einem einfachen weißen Bogen schnell klären. Zum Anlegen der unteren Blaufläche mit der unscharfen Kontur oben wird der Entwurfsbogen kurzerhand um 180° gedreht.

Ganz so einfach ist diese Übung aber nicht: Gefordert sind zwei gleichmäßige Verläufe über die gesamte Trailer-Breite. Dabei muss der entstehende helle Streifen in der Mitte von links nach rechts einheitlich breit sein. Dafür markieren Sie seitlich auf der Maske mit vier Punkten die richtigen Stellen, um von diesen aus wirklich gerade liegend und parallel die beiden Farbverläufe auszurichten.

Bei dreidimensionalen Modellen übernehmen vorhandene Gravuren oder andere Details diese Aufgabe.

Wenn die Maske durch Gegenstände in der benötigten Höhe unterlegt wird, ist auch das Halten der Abstandsmaske mit der Hand kein Muss. Aber Vorsicht! Diese Gegenstände dürfen sich nicht zu nahe an der Spritzkante

Bild 2-12: Die im oberen Teil des Trailers ausgeführte Farbfläche wurde nach unten hin durch einen festen Karton begrenzt, der nicht auf dem Entwurfsbogen auflag. Das ergab eine unscharfe Kontur nach unten hin.

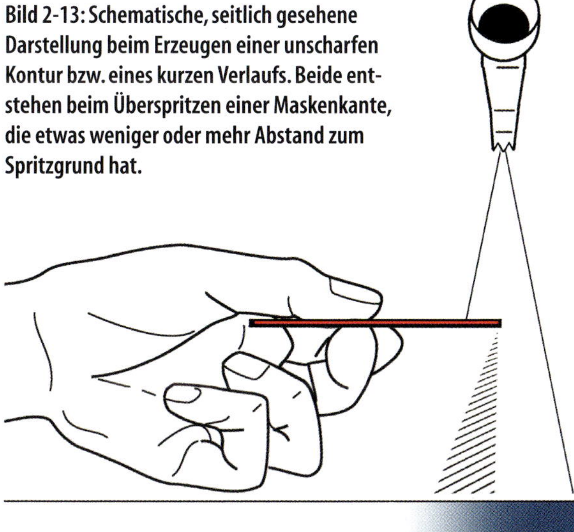

Bild 2-13: Schematische, seitlich gesehene Darstellung beim Erzeugen einer unscharfen Kontur bzw. eines kurzen Verlaufs. Beide entstehen beim Überspritzen einer Maskenkante, die etwas weniger oder mehr Abstand zum Spritzgrund hat.

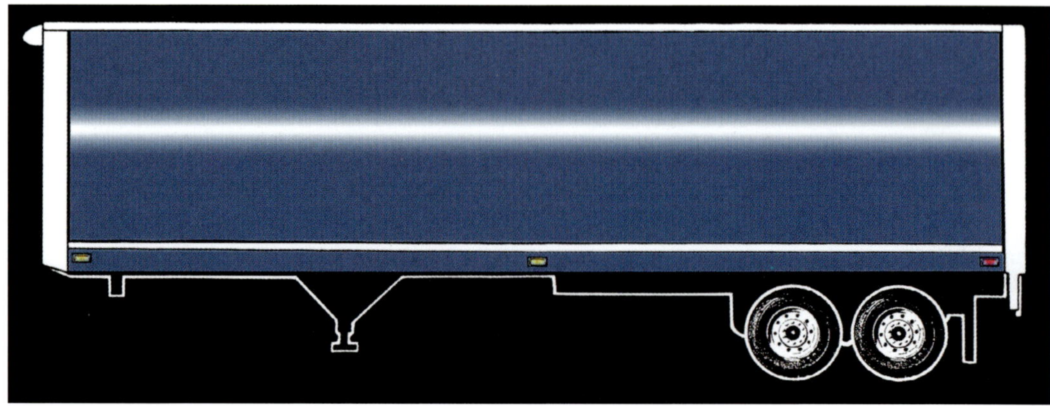

Bild 2-14: Die beiden Farbflächen, bevor der Schriftzug angelegt wird. Zum Anlegen der unteren Blaufläche wurde der Entwurfsbogen um 180 ° gedreht. Daraus ergab sich die jetzt oben liegende, unscharfe Kontur.

befinden, da sie sich sonst durch die Ablagerung von Farbnebel abzeichnen.

Schablonenschriften und Schablonen

Über den beiden Farbflächen (Bild 2-14) wird nun der Schriftzug angelegt, jedoch über einer weiteren, fest auf dem Entwurfsbogen liegenden Maske. Die Schriftart, zu der diese Buchstaben gehören, heißt Cargo und ist eine typische Schablonenschrift (Bild 5-51). Eine Schablonenschrift ist so beschaffen, dass beim Ausschneiden innenliegende Buchstabenteile immer an Stegen mit der äußeren Maske verbunden bleiben und somit nicht herausfallen können (Bild 2-15).

Im Bild 2-16 liegt innerhalb der Pin-up-Silhouette ein rot gefärbtes Feld, das nach außen keine Verbindung hat und deshalb mit dem Ausschneiden des Umrisses der Silhouette mitgenommen wird. Um dieses innere Feld abzudecken, wurde deshalb statt der Papiermaske mit Maskierfilm gearbeitet. Nach dem Heraustrennen der

Bild 2-15: Über der fertigen Farbfläche wird mit einer weiteren, aber ohne Abstand auf dem Entwurfsbogen liegenden Maske die Schrift angelegt. Es ist eine typische Schablonenschrift mit dem Namen Cargo.

Bild 2-16: Die Maske des Schriftzugs als Vorlage für die später auf den Trailer gespritzte Figur. Die Zeichnung entstammt der Vorlage für *Nose Art* (siehe Bild 31).

Bild 2-17: Dieser Trailer-Entwurf zeigt ein Tarnschema mit zwei Möglichkeiten zum Üben. So können entweder für die einzelnen Farben fest aufliegende Papiermasken angefertigt oder mit Maskierfilm gearbeitet werden. Dabei ist die Passgenauigkeit der einzelnen Farbaufträge zueinander wichtig. Alternativ werden die Farbflächen innerhalb der äußeren Trailer-Maske aus Papier frei gespritzt nebeneinander angelegt. Dabei von Hell nach Dunkel vorgehen, d. h. es wird mit der hellsten Farbe begonnen, die mittlere folgt, und die dunkelste kommt zum Schluss.

Figurensilhouette aus dem Maskierfilm verbleibt das innere, selbstklebende Maskenteil sicher und passgenau auf dem Spritzgrund (zum Maskierfilm siehe Seite 35 *Das Material zum Maskieren*).

Das Schneiden von Masken

Papiermasken wie für den Truck werden mit einem speziellen Grafiker- bzw. Folienmesser geschnitten. Solche Messer gibt es in den unterschiedlichsten Ausführungen, die in Fachgeschäften für Grafikerbedarf oder Modellbau zu finden sind.

Dringend gebraucht wird ein gutes Folienmesser auch dann, wenn anstelle von Masken aus Papier oder Karton besondere Maskierfolien verwendet werden, wie sie professionelle Anwender je nach Aufgabenstellung einsetzen. Diese transparenten, selbstklebenden Folien erleichtern die Arbeit, weil mit ihnen aufgrund der Transparenz millimetergenaues Schneiden direkt auf dem Spritzgrund möglich ist und die schwach klebende Unterseite ein Festhalten oder Beschweren mit Gewichten überflüssig macht.

Das für Sie beste Messermodell für das Schneiden von Masken aus unterschiedlichem Material finden Sie

Bild 2-18: Einige Messer, mit denen sich Papierschablonen und Maskierfilme gut schneiden lassen. Geschnitten wird über den vorgezeichneten Umrisslinien.

Bild 2-19: Maskierbänder für den Modellbau werden in verschiedenen Breiten auch in Abrollern angeboten, in denen das Band geschützt ist und nicht durch Unachtsamkeit seitlich verschmutzen kann. Die große, ungeschützte Rolle ist bereits am Rand verschmutzt.

am schnellsten, wenn Sie die verschiedenen Messertypen selbst ausprobieren.

Das Material zum Maskieren

Das Material zum Abdecken/Maskieren beim Spritzen ist vielfältig. Zum Abdecken beim Spritzen waren bisher (bis auf eine Ausnahme) nur Papier- und Kartonmasken benutzt worden. Jetzt kommen andere hinzu.

Die Maskierfilme

Das sind selbstklebende, transparente Kunststofffolien (andere Bezeichnungen: Maskierfolie). Für den selbstklebenden, aber nur schwach haftenden Maskierfilm muss der Spritzgrund eine glatte, in sich geschlossene Oberfläche haben und klebebandfest sein, z. B. für Tesa-Film. Maskierfilm muss sich nämlich nach dem Andrücken wieder so abziehen lassen, dass dabei die Oberfläche des Spritzgrundes nicht leidet. Andererseits darf Maskierfilm jedoch nur so stark haften, dass auch bereits aufgetragene Farbe beim Abziehen der Maske nicht beschädigt wird.

EIN GUTER RAT

Vor der Arbeit mit neuen, unbekannten Materialien (das gilt hier vor allem für selbstklebenden Maskierfilm, Abdeckbänder und Flüssigmasken) oder Werkzeugen sind Vorversuche außerordentlich wichtig, um teure Modelle nicht zu beschädigen!

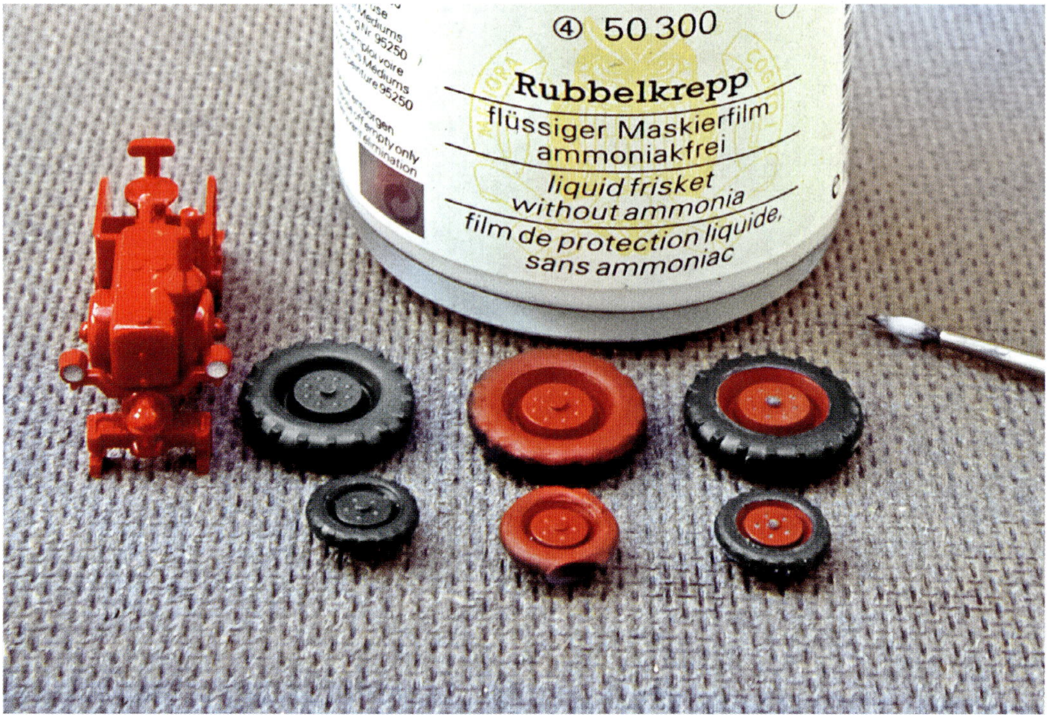

Bild 2-20: Arbeiten mit Flüssigmasken: Links liegen zwei unbehandelte Räder, die beiden mittleren wurden maskiert und überspritzt, die Räder rechts sind fertig (siehe dazu Bild 3-13, Seite 48).

Die Klebebänder

Dies sind nicht transparente Maskierbänder (andere Bezeichnungen: Abklebe- oder selbstklebendes Abdeckband, Kreppband).

Sie werden auch speziell für den Modellbau in verschiedenen Breiten angeboten (Bild 2-23). Diese sind in nachfüllbaren Abrollern erhältlich, die auch das Band schützen, damit es nicht seit-

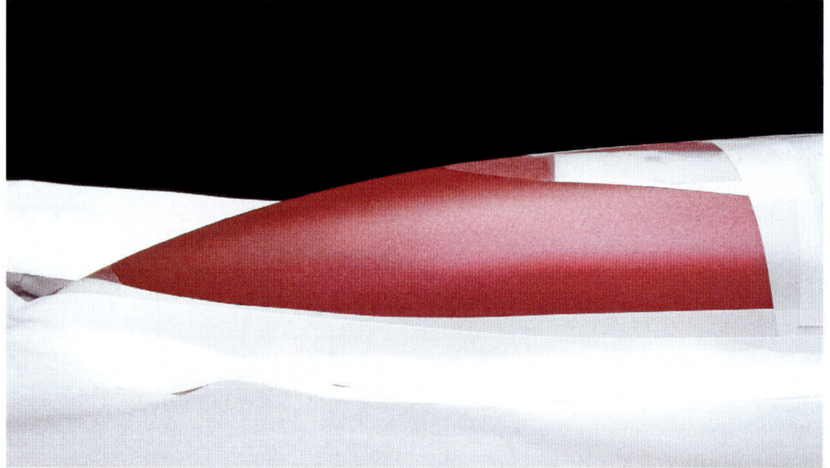

Bild 2-21: Die Maskierung für die „Cockpitscheibe" (siehe auch Bild 5-15, Seite 97) besteht aus Abdeckband, Maskierfilm oben und vorn, sowie aus Papier außen herum.

lich verschmutzt. Anhaftende Staubfasern und Staubkörner können nämlich beim Maskieren zu einer unsauberen Farbkante mit Staubeinschlüssen und Ausrissen führen. Wie für den Maskierfilm, so muss auch für Klebebänder der Spritzgrund klebebandfest sein.

Die Flüssigmasken

Das sind leicht eingefärbte oder milchigweiße Maskierflüssigkeiten (andere Bezeichnung: Rubbelkrepp), die meistens halbtransparent auftrocknen. Flüssigmasken werden mit einem Pinsel aufgetragen und trocknen dann zu einem farbundurchlässigen Film auf. Dabei ist zu prüfen, ob die Flüssigkeit die darunterliegende Farbe nicht anlöst bzw. der Hintergrund nicht quillt.

Beispiele zur Anwendung unterschiedlicher Maskiermaterialien zeigen die Bilder 2-20 bis 2-22.

Bild 2-22: Am Gehäuse der Diesel-Lok müssen ganz schmale Klebebandstreifen sorgfältig befestigt werden (siehe dazu Bild 5-43, Seite 113).

Bild 2-23: Im Regal liegt Maskierband in dazugehörigen Abrollern, 6 mm, 10 mm und 18 mm breit.

KAPITEL 3

Die Farbe im Modellbau

Farbe ist nicht gleich Farbe – und das schon gar nicht, wenn diese mit dem Airbrush gespritzt werden soll. Deshalb gibt es eine Menge darüber zu sagen, wie man mit den unterschiedlichsten Farben für Farbgebung und Effekte richtig umgeht. Zudem sind die verschiedenen Farbsysteme und natürlich die Farbtonabstimmung Thema.

Die richtige Farbsorte suchen

Malen nach Zahlen

Die Frage nach der „richtigen“ Farbe stellt sich dem Modellbau-Neuling wie dem Wiedereinsteiger oft erst später. Bauanleitungen, die zu den jeweiligen Modellbausätzen gehören, liefern meist klare Vorgaben, welche Farben wofür verwendet werden sollen. Vielleicht sind beim ersten Bausatz sogar die Farben schon dabei. Die Bausatzhersteller bevorzugen ihre „Hausmarken“, mit denen der Einsteiger dann seine ersten Erfahrungen sammeln wird. Zu diesen Erfahrungen kann im Einzelfall auch gehören, dass die Bausatzfarben nur schwer spritzbar sind.

Die Farben im Modellbau werden in den Bauanleitungen durch die Nennung des Herstellers, der Farbtonnamen und der Farbnummern bezeichnet. Somit finden wir auch hier ein sogenanntes „Malen nach Zahlen“, obwohl diese Bezeichnung natürlich aus einem ganz anderen Hobbybereich stammt. Der Hersteller des jeweiligen Modellbausatzes gibt damit nicht nur die Farbsorte, sondern auch die seiner Meinung nach stimmigen Farbtöne vor. Für den Anwender wird die genannte Farbsorte zu allererst auf ihre Spritzbarkeit und ihre Eigenschaften nach dem Durchtrocknen zu hinterfragen sein. Für die Bewertung der Farbtöne kommt dann eine Vielzahl von Kriterien, für die auch der sogenannte „Scale Effect“ ausschlaggebend ist, in Betracht.

Bei Farben, mit denen noch keine eigenen Erfahrungen gemacht wurden,

Bild 3-1: Für den Einstieg: Die für den Modellbausatz aus Herstellersicht benötigten Farben sind im „Starter Set“ enthalten.

Bild 3-2: Malen nach Zahlen: Die in dieser eduard-Bauanleitung mit Ziffern spezifizierten Farbtöne für den Schleudersitz stammen aus den Gunze Sangyo -Sortimenten (mit Lösungsmitteln resp. mit Wasser verdünnbare Farben).

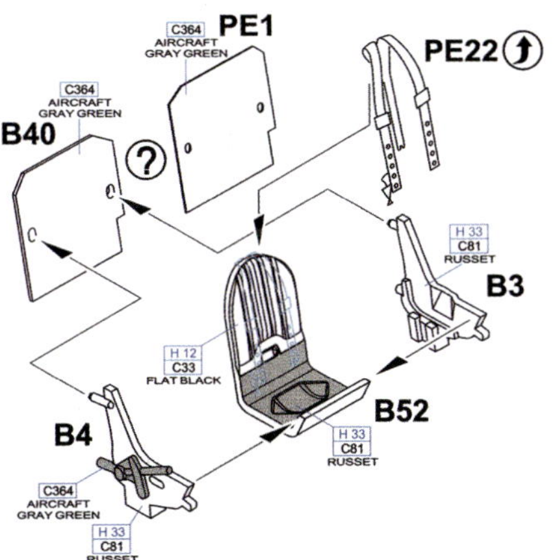

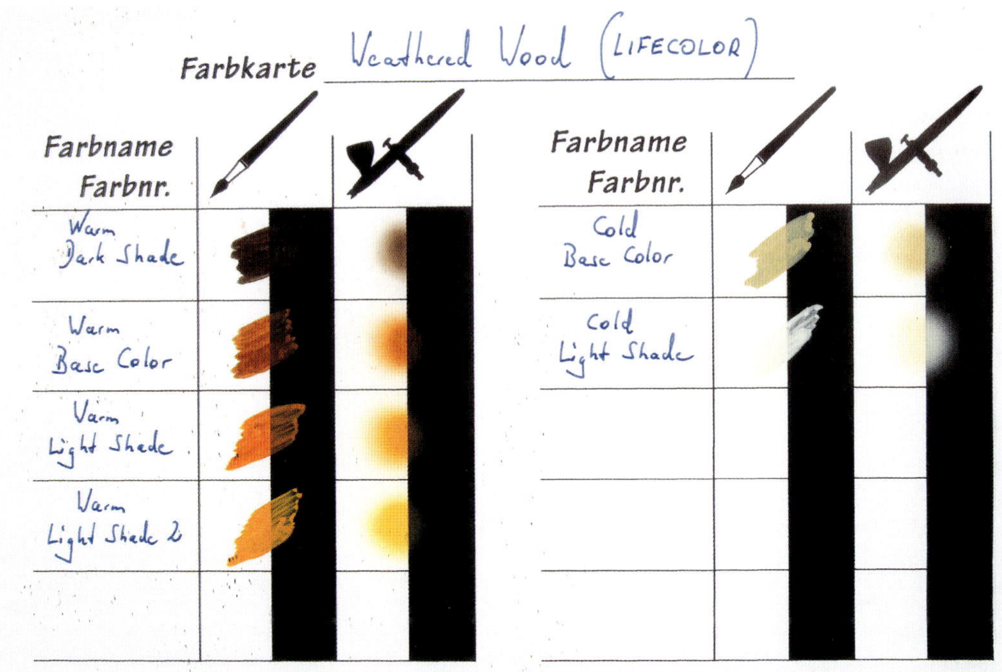

Bild 3-3: Auf einer Testkarte wurden hier 6 in einem Set enthaltene Farbtöne ausprobiert.

ist es empfehlenswert, mit dem Anlegen einer kleinen, projektbezogenen Farbkarte zu starten. Die Vorlage für eine solche Farbkarte lässt sich den eigenen Projekten entsprechend entwerfen und dann mit Hilfe eines Kopierers auf geeignetem Karton beliebig vervielfältigen. Die auszuprobierenden Farbtöne werden dort sowohl mit dem Pinsel wie dem Airbrush aufgetragen. Dabei werden 3 Fragen geklärt. Erstens: Muss die Farbe vor dem Auftragen verdünnt werden, ggf. womit und wie stark, um einen feinen, gleichmäßigen Farbauftrag zu erhalten? Zweitens: Wie sieht der Farbton dann im Original aus? Gedruckte Farbkarten können die einzelnen Farbtöne nur annähernd wiedergeben. Drittens: Welche Deckkraft haben die Farben?

Ähnlich den Farbsets, die Modellen beigelegt sind, gibt es themenbezogene Farbsets, die unabhängig von bestimmten Modellen angeboten werden. Solche Farbsets können gerade zum Einstieg hilfreich sein, wenn es

Bild 3-4: „Holz" ist das Thema dieses Farbsets. Die Stärken und Schwächen des Farbsortiments wurden auf der Testkarte ausgelotet.

darum geht, die „richtigen“ Farbtöne für ein Projekt zu finden. Aber Vorsicht: Die Farben im Set werden in der Regel nicht in gleichen Mengen verbraucht, und es gibt Sets, deren Farben nicht einzeln nachzukaufen sind! Wer aber ein Set in erster Linie als Orientierungshilfe erworben hat, kann natürlich dann nach ähnlichen Farbtönen schauen und auf der Basis der vorgegebenen Töne nachmischen.

Unter der Überschrift „Model Paints“ sind allein bei einem spanischen Farbenhersteller folgende, zum Teil sehr unterschiedliche Farbsortimente zu finden: „Model Color“, „Panzer Aces“, „Model Air“, „Game Color“, „Game Air“, „Pigments“, „Premium RC-Color“, „Primers“, „Auxiliaries“, „Model Wash“, „Metal Color“, „Weathering Effects“, „Diorama Effects“. Die Palette reicht hier also vom RC-Modellbau über den Plastikmodellbau bis zu den Tabletop Miniaturen und dem Dioramenbau. Angeboten werden in den jeweiligen Sortimenten sowohl Einzelfarben wie auch eine Vielzahl an Sets.

Neben den spezialisierten Farbherstellern mit sehr umfangreichen Angeboten für Modellbauer bieten einige Modellbaufirmen auch eigene Farbsorten an, die jeweils für bestimmte Modelltypen konzipiert sein sollen.

Auch bei den Farben, Farbsorten und Herstellern entwickeln Modellbauer natürlich ihre eigenen Vorlieben. Beim „Malen nach Zahlen“ wird es natürlich vorkommen, dass in der Bauanleitung eines bestimmten Modells Farben benannt sind, die nicht aus dem Sortiment der eigenen Wahl stammen. Hier helfen Gegenüberstellungen einzelner Farbsysteme in Listenform, die im Web oder in gedruckter Form zu finden sind.

Welche Farbsorten sind für welche Modelle und für das Aufbringen mit dem Airbrush denn nun am besten geeignet? Aus Anwendersicht sollte eine ideale Spritzfarbe selbstverständlich ganz leicht zu verarbeiten sein, nach dem Auftragen möglichst völlig unempfindlich gegen äußere Einflüsse

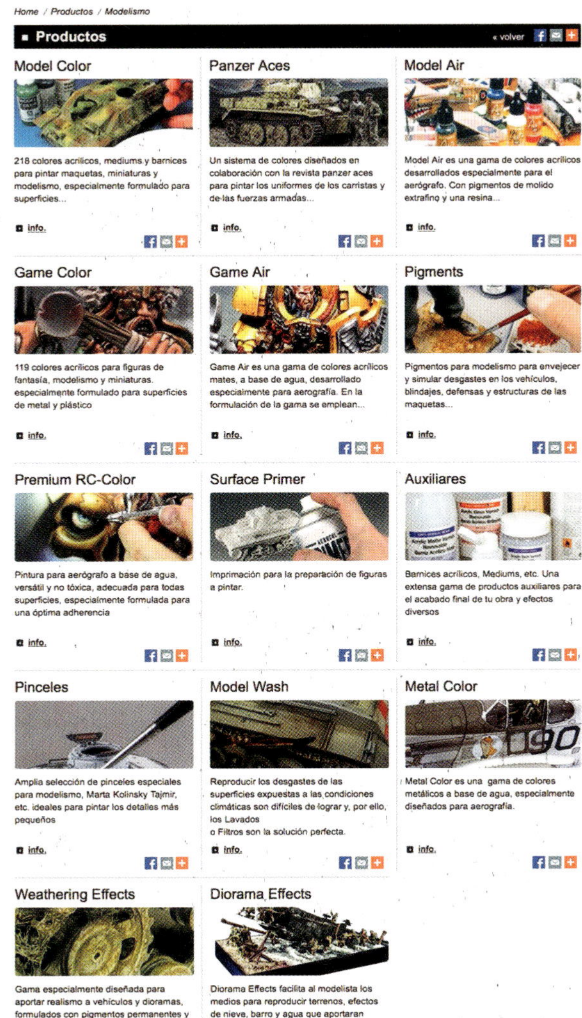

Bild 3-5: Beispielhaft: Die auf die verschiedensten Anwendungen ausgerichteten Sortimente eines großen Farbherstellers. Die Vielzahl der angebotenen Farben kann verwirren, aber auch zu „Entdeckungsreisen“ einladen.

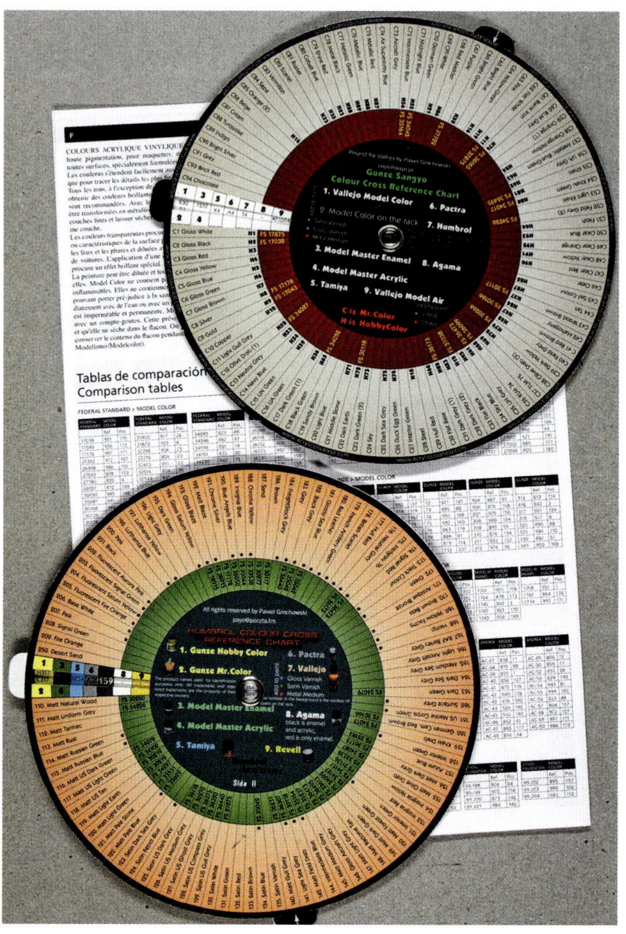

Bild 3-6: Zu den interessanten Gegenüberstellungen einzelner Farbsysteme gehören Drehschieber, die hier auf einem Webausdruck liegen.

und natürlich absolut lichtecht. Unterscheiden lassen sich die hier interessanten Farbsorten einmal nach der Art ihrer Verdünnung: Ein Teil von ihnen wird mit organischen Lösungsmitteln, ein Teil mit Wasser, ein Teil mit einem „Thinner" (Verdünner) des jeweiligen Herstellers, verdünnt.

Farbige, wasserverdünnbare Tinte ist leicht zu verarbeiten. Jedoch ist Tinte im Modellbau nur zum Üben resp. für Farbentwürfe auf Papier und Fotomaterial zu gebrauchen, zudem wenig lichtecht und schon ein feuchter Finger kann ausreichen, ein gelungenes Spritzbild völlig zu ruinieren. Zu den Farben, deren Verarbeitung keine besonderen Vorkehrungen benötigt und die auch mit nicht kennzeichnungspflichtigen Hilfsmitteln wie besonderen Verdünnern (Thinner), Fließmitteln (Flow Improver) oder Reinigern angeboten werden, gehören viele wasserverdünnbare flüssige Acrylfarben für den Modellbau. Sie trocknen wasserfest auf und sind in der Regel zumindest mit dem Pinsel problemlos aufzutragen.

Die Zusammensetzung von Farben allgemein

Farben setzen sich grob beschrieben zusammen aus: Pigmenten oder Farbstoffen, Bindemitteln, Lösungsmitteln sowie Zusatzstoffen (zur Verbesserung bestimmter Eigenschaften, wie Fließverhalten oder Trockenzeit usw.). Die Art des Lösungsmittels oder Verdünners hängt von der Art des Bindemittels ab, das charakteristisch für die jeweilige Farbsorte ist. Vereinfacht dargestellt ist das Bindemittel ein Klarlack, in den Pigmente als farbgebende Teilchen und Zusatzstoffe zur Steuerung der Verarbeitungsqualität eingearbeitet werden.

Bindemittel verklebt die Pigmente (winzig kleine, feste Farbpartikel) mit dem Untergrund. Durch diese Funktion des Verbindens mit dem Untergrund ist vom Bindemittel auch die Widerstandsfähigkeit des getrockneten Farbauftrags gegen äußere Einflüsse in besonderem Maße abhängig. Widerstandsfähigkeit heißt hier in erster Linie Haftfestigkeit, Wisch- und Kratzfestigkeit sowie Anlösbarkeit nach dem

Bild 3-7: Anhand von Pigmenten, die im Modellbau von einigen Herstellern für Pigment-Washes angeboten werden, werden diese Grundsubstanzen für Farben „begreifbar". Eigene Spritzfarben lassen sich damit nicht herstellen.

Trocknen. Wären diese Punkte – bis auf das Anlösen – für einen gespritzten Farbauftrag nicht hinreichend gewährleistet, könnte beispielsweise schon das erste Abdecken bzw. Maskieren mit Maskierfilm das Aus für das Spritzbild bedeuten.

> Pinselreiniger und Lösungsmittel zum Reinigen der Werkzeuge können, eingesetzt als Verdünner, das Bindemittel angreifen und auch zu den genannten Problemen führen.

Die Farben für den Plastikmodellbau

Email- oder Enamel-Farben

Eine besondere Vielfalt an Farbsystemen und Farbtönen gibt es im Bereich des Plastikmodellbaus. Die Klassiker für den Plastikmodellbau sind die Email- oder Enamel-Farben (Öl-Farben) in den bekannten kleinen Dosen. Diese Farben, die auch in Gläsern auf dem Markt sind, werden mit organischen Lösungsmitteln und Verdünnern verarbeitet. Passende Zusatzprodukte zum Verdünnen und Reinigen werden in den jeweiligen Sortimenten gleich mit angeboten. Da die (Spritz-)Verdünner auf die Rezepturen der Farbsorten abgestimmt sind, kann es ratsam sein, diese nicht durch billigere „Hausmittel" zu ersetzen, denn diese können sich ggf. nachteilig auf das Bindemittel auswirken. Neben den Verdünnungsmitteln mag bei diesen Farben auch die längere Trocknungszeit von mehreren Stunden als nachteilig empfunden werden. Zum Reinigen reicht in der Regel auch Terpentin-Ersatz. Wichtig ist, dass stets nur sehr gut aufgerührte Farben mit völlig homogener Konsistenz verarbeitet werden.

Das Verdünnen der Farbe

Zum Spritzen müssen viele Farben in einem Extragefäß sorgfältig verdünnt werden, und zwar je nach Farbe zum Teil deutlich über das Verhältnis 1 Teil

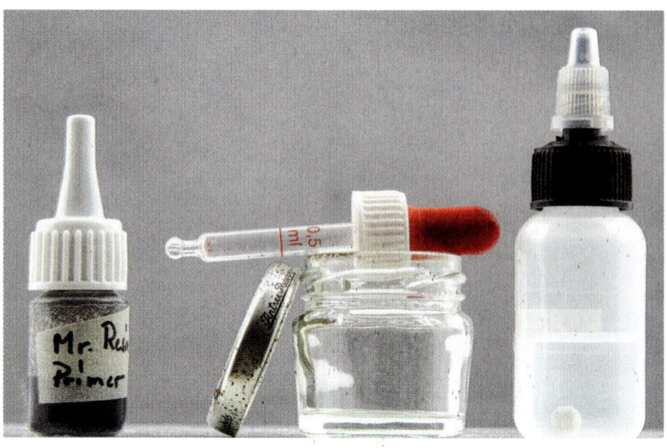

Bild 3-8: Für den Plastikmodellbau und die Modellbahn meist ausreichend: Kleine Marmeladengläser mit einer Pipette eignen sich zum Farbverdünnen und Mischen ebenso gut wie Tropfflaschen mit einer Aufrührkugel. Aufheben lassen sich verdünnte Farben auch in ganz einfachen Farbfläschchen.

Farbe zu 2 Teilen Verdünnung hinaus. Dabei lieber etwas zu stark als zu wenig verdünnen, denn einen mit Farbe verklebten Airbrush wieder gangbar zu machen, ist aufwendig. Hilfreich beim Aufrühren von Email- oder Enamel-Farben kann ggf. das vorherige Erwärmen der Farbe im Wasserbad sein.

Selbst eine zu starke Verdünnung wird niemals zu einem nassen Spritzbild führen, denn das ist immer auf eindeutige Fehler beim Umgang mit dem Airbrush zurückzuführen. Übermäßige Verdünnung erfordert höchstens ein wenig mehr Geduld. Zur Haltbarkeit: verdünnte Farben lassen sich oft nur für eine begrenzte Zeit aufbewahren, da sich die Farbe absetzt und irgendwann nicht mehr vollständig aufrühren lässt.

Zur Lebensdauer von Farben

Auch unbenutzte Farben haben nur eine begrenzte Lebensdauer und sind, sobald sie sich nicht mehr vollständig aufrühren lassen, unbrauchbar. Angetrocknete Farbreste, die sich als Ablagerungen bei zu lange offen stehenden Dosen oder nicht sauber ausgewischten Deckelrändern bilden, dürfen nicht in die zu verarbeitende Farbe gelangen. Diese Farbreste lösen sich nicht mehr auf. Die Farbe wäre dann mit dem Airbrush nicht mehr sauber zu verarbeiten und auch beim Auftragen mit dem Pinsel entstünden unschöne pickelförmige Einschlüsse.

Bild 3-9: Email- oder Enamelfarben sind von ganz unterschiedlichen Anbietern auf dem Markt. Beim Verarbeiten ist es empfehlenswert, stets den Verdünner einzusetzen, der zur jeweiligen Farbesorte gehört! Die unterschiedliche Farbdosengestaltung dieser Auswahl zeigt, dass hier auch ältere Farbdosen dazwischen sind.

Die wasserverdünnbaren flüssigen Acrylfarben

Was für die Klassiker der Modellbaufarben gilt, trifft in vieler Hinsicht auch auf die wasserverdünnbaren flüssigen Acrylfarben zu. Obwohl mit Wasser verdünnbar, trocknen die Acrylfarben wasserfest auf und bilden in der Regel einen unempfindlichen Farbauftrag mit guter Haftfestigkeit. Eine Reihe solcher Farben lässt sich sogar unverdünnt mit dem Airbrush gut verarbeiten. Im Unterschied zu den Email- bzw. Enamel-Farben ist die fachgerecht gespritzte Acrylfarbe schneller trocken, es kann also zügiger weitergearbeitet werden.

Die Pigmente sind überwiegend von guter bis sehr guter Qualität und besitzen damit eine gute Lichtechtheit. Anders sieht es hingegen mit der Spritzbarkeit aus. Nicht alle Acrylfarben sind trotz sorgfältigstem Verdünnen und Aufrühren leicht spritzbar bzw. für Feinarbeiten geeignet. Daran ändern auch „Herstellerangaben“ nichts. Ursächlich für eine eingeschränkte Spritzbarkeit kann beispielsweise das eingesetzte Pigment sein. Form, Größe und Verteilung dieser Teilchen spielen dafür eine wichtige Rolle.

Die Airbrush-Farben

Mit Wasser verdünnbare, für die Verarbeitung mit dem Airbrush konzipierte Modellbaufarben werden auch als Airbrush-Farben bezeichnet. Diese Produktbezeichnung ist aus dem Bereich der Künstlerfarben entlehnt, wo für Airbrush-Farben auch die Bezeichnung Acrylic Ink zu finden ist. Diese Airbrush-Farben haben feine bis sehr feine Pigmente. Die Pigmente schweben in der flüssigen Farbe oder sollen sich problemlos und vollständig wieder aufschütteln lassen, wenn sie sich nach einer gewissen Zeit abgesetzt haben. Dafür kann sich eine Kugel im Farbbehältnis befinden. Je nach Hersteller und Farbton werden die Farben zum Spritzen unterschiedlich stark mit Wasser oder einem Thinner und ggf. der Zugabe eines Fließmittels / Trocknungsverzögerers (Flow Improver) verdünnt.

Das Verdünnen von Airbrush-Farbe

Speziell bei nicht ausreichender Verdünnung wird es zu einem ungleichmäßigen und körnigen Farbauftrag kommen, und auch Haftungsprobleme sind nicht auszuschließen. Das sinnvolle Verdünnungsverhältnis einzelner Farben kann selbst innerhalb des Farbsortiments eines Herstellers so stark schwanken, dass Spritztests wie bei allen anderen Farbsorten den besten Aufschluss über das notwendige Maß der Verdünnung geben.

So gut Airbrush-Farben in der Verarbeitung sind, so müssen für die Anwendung im Modellbau doch kleine Abstriche gemacht werden. Airbrush-Farben können zwar stark verdünnt und äußerst fein gespritzt werden, sind damit aber dann abhängig vom Untergrund nur eingeschränkt kratzfest und müssen gegebenenfalls durch einen Klarlack geschützt werden. Bei vielen Modellen wird der Klarlacküberzug noch aus einem anderen Grunde sinnvoll sein: Anders als bei den Email- oder Enamel-Farben (Öl-Farben) gibt es die wasserverdünnbaren flüssigen Acrylfarben / Airbrush-Farben nicht in unterschiedli-

Bild 3-10: Die klassischen Airbrushfarben aus den Künstlerfarbsortimenten standen Pate für eine Vielzahl an Modellbaufarben. Die Auswahl hier ist nur exemplarisch.

chen Glanzgraden, so dass schlussendlich Klarlacküberzüge den Glanz der Farbaufträge bestimmen.

Das Spritzverhalten von Airbrush-Farbe

Eine gute Spritzbarkeit erlaubt lange Arbeitsintervalle, aber auch hier gilt: Verstopfte Düsen und ringförmig angetrocknete Farbwülste an den Farbnadeln, sind klassische Probleme mit Pigmentfarben. Wie oft und wie stark diese Probleme die Arbeit mit dem Airbrush behindern, kann auch von der Material- und Verarbeitungsqualität des benutzten Spritzapparates ab-

Bild 3-10: Reducer, Retarder, Thinner, Flow Improver: Verschiedene Hilfsmittel (stellvertretend für viele mehr), deren Zugabe die (Spritz-)Eigenschaften einer Farbe gezielt verändern.

hängen. Sobald angetrocknete Farbteile den Farbfluss beeinträchtigen, stellt jeder Airbrush seine Arbeit früher oder später ein und zwingt zum Unterbrechen der Arbeit und zum Säubern des Spritzapparates.

Für viele Profis sind Acrylfarben bzw. Airbrush-Farben dennoch die Farben schlechthin, wenn nicht besondere Rahmenbedingungen oder Arbeitsweisen ihre – ausschließliche - Verwendung verbieten. Gezielte Empfehlungen für ein ganz bestimmtes Farbsortiment lassen sich aber aus zwei Gründen nicht geben: Erstens basieren Stärken eines Produkts immer auch auf Zugeständnissen in anderer Hinsicht, zweitens können herstellerseitig notwendige Änderungen an einer Farbrezeptur jedes vorangegangene Gewichten in Frage stellen.

Farben für ein Washing

Der abgeschlossene Auftrag der ‚Grundfarben' auf einem Modell ist die Voraussetzung, um anschließend die besonderen Eigenschaften von Oberflächen farblich herauszuarbeiten. Gemeint ist damit die Betonung von Ausprägungen und von Strukturen, das Erzeugen von Gebrauchs- und Altersspuren. Viele Modellbauer erweitern die Palette ihrer Farbsorten dafür noch um weitere Produkte, teils auch aus dem klassischen Bereich der Künstlerfarben. Öl-, Acryl- und Aquarellfarben, aber auch Kreiden oder Pigmente, werden zum Beispiel für ganz spezielle Techniken wie das „Trockenmalen" und das „Waschen" benutzt.

Für das „Waschen" mit Farben werden Künstleröl- und Acrylfarben be-

Bild 3-12: Pigment Fixer und ein paar Wash-Farben auf Acryl- und Ölbasis. Davor liegt eine Künstlerölfarbe, aus der sich eine gute Wash-Farbe machen lässt.

sonders stark verdünnt. Aufgrund ihrer Oberflächenspannung laufen solche Washings, die sehr nass mit dem Pinsel aufgetragen werden, dann an Kanten und Gravuren entlang oder von geneigten Flächen nach unten. Nach dem Aufbringen dürfen die Farbbrühen eine Zeit lang ‚anziehen', also etwas antrocknen, bevor überschüssige Farbe mit einem geeigneten Verdünner entfernt wird. Dafür ist natürlich sicherzustellen, dass das Washing nicht den darunterliegenden Farbauftrag anlöst. Über terpentinlöslichen Email- oder Enamel-Farben (Öl-Farben) sollte also mit wasserverdünnbaren flüssigen Acrylfarben gearbeitet werden, über wasserverdünnbaren flüssigen Acrylfarben mit Ölwashings.

Solche Wash-Farben, also sehr flüssige „Farben", lassen sich aus Künstlermaterialien selbst herstellen oder fertig verdünnt kaufen. Wer mit Pigmenten gearbeitet hat, fixiert diese zum Schluss mit einem Pigment Fixer oder einem gut verdünnten Klarlack.

Bild 3-13: Ein Traktormodell im kleinen Maßstab – links vor und rechts nach dem Farbauftrag. Feinste Profile, wie das im Fußraum, müssen erhalten bleiben. Jetzt fehlen nur noch die Gebrauchs- und Altersspuren (Washings etc.).

Weitere Farben für den Modellbau

Spezielle Farbsorten

Es gibt Farbzusammensetzungen und besondere Grundierungen, die ganz speziell auf Untergründe wie Polystyrol, Metall, Lexan®, Styropor, Stoff oder Glas ausgerichtet sind. Hinzu kommen Spezialprodukte wie kraftstoffbeständige Lacke (für Modelle mit Verbrennungsmotoren), kraftstoffbeständige Spannlacke für Gewebe im Flugzeugbau und hitzebeständige Farben. Die „Stoß- und Schlagfestigkeit" des durchgetrockneten Farbauftrags kann ein weiteres Kriterium sein. Auch diese Farben lassen sich zum Teil gut mit dem Airbrush verarbeiten, jedoch können gerade bei letzteren Farben besondere Vorsichtsmaßnahmen für die Verarbeitung gelten und die entsprechenden Herstellerhinweise sind unbedingt zu beachten!

Die Farbgebung

Die beiden Arten der Farbgebung

Im Modellbau wird unterschieden zwischen einer Lackierung, die eine wirkliche Schutzfunktion erfüllt, und einer Farbgebung, die lediglich den Eindruck einer schützenden Lackierung bzw. einer Eigenfarbe wiedergibt.

Wenn beispielsweise der perfekte Nachbau einer erfolgreichen Hochseeyacht (ein RC-Modell, Höhe 1920 mm) entsprechend seinem großen Vorbild Farbe erhält, so muss der Lack das dort verwendete Material wie Holz oder Metall vor dem direkten Kontakt mit Wasser schützen. Dafür braucht der Lack einen Körper, also Inhaltsstoffe, die eine schützende Schichtstärke aufbauen und so diese Aufgabe erfüllen können.

Ein kleines Traktormodell aus Plastik (39 mm lang, also im Eisenbahnmaßstab H0 = 1:87) braucht dagegen eine solche Schutzschicht nicht. Hier geht es nur darum, die Oberfläche des großen Vorbildes zu imitieren. Die Schichtstärke beim Spritzen muss sogar möglichst gering bleiben, da bei solch kleinen Präzisionsmodellen sonst wichtige Details der fein profilierten Oberfläche verloren gehen würden. Beim Schiff hingegen müssen die dem Wasser ausgesetzten Bauteile mit einer Reihe von Lackaufträgen sorgfältig versiegelt werden.

Die richtige Düsengröße bestimmen

Für beide Aufgaben ist der Airbrush das ideale Handwerkszeug. Das stimmt natürlich nur dann, wenn auch die Gerätegröße resp. die Farbbehältergröße und die Düsenbohrung auf die Abmessungen des Modells abgestimmt sind. So kann für das Lackieren von größeren RC-Funktionsmodellen eine Düsenbohrung von 0,4 mm (max. bis 0,8 mm) mit einem dazu passenden Volumen des Farbbehälters sinnvoll sein, während beispielsweise für ein Sportwagenmodell im Maßstab 1:24 oder kleiner, eine Düsengröße von 0,2 mm bis max. 0,3 mm vollkommen ausreicht.

Die Spritzversuche auf Testmaterial

Spritzversuche auf Testmaterial bringen Sicherheit für die eigene Entscheidung, womit ggf. grundiert, gespritzt und mit welchem Lack anschließend versiegelt werden soll. Geprüft werden müssen auch der Verdünnungsgrad und die Spritzbarkeit der Farben, die Verträglichkeit mit dem Untergrund, evtl. auch mit anderen Farben sowie die Haftfestigkeit.

Beim Bau eines Modells fallen in der Regel ausreichend große Musterstücke für Tests ab. Bei Holz- und Laser-Cut-Modellen gibt es Rahmenreste. Bei Kunststoffbausätzen sind dies die sog. Spritzlinge oder auch Gießäste, die Verbindungsstücke an denen die Bauteile im Plastikrahmen hängen. Rümpfe und Karosserien für RC-Modelle aus Plastik werden häufig als geformte Schalen geliefert, die noch zurechtzuschneiden sind und so Teststücke hergeben.

Nur bei fertigen Großserienmodellen wie bei Eisenbahnen fehlt meist der Abfall. Hier muss man sich erst einmal mit anderen, beschädigten oder nur zu Übungszwecken gekauften Exemplaren für Spritzproben behelfen. Dabei müssen die Modelle wirklich aus dem gleichen Material sein, da die Prüf-

Bild 3-14: Ein gutes Beispiel für ein Modell mit wetter- und wasserfester Lackierung

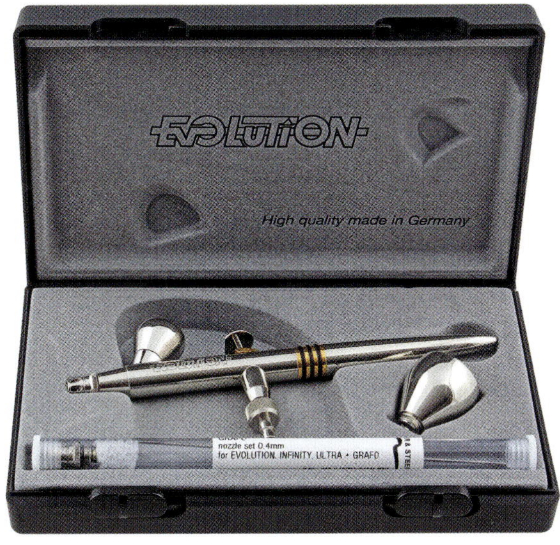

Bild 3-15 Um fast alle Bereiche des Modellbaus auch mit einem einzelnen Airbrush abdecken zu können, werden sog. „TWO IN ONE" - Sets angeboten. Die Düsensets 0,2 mm und 0,4 mm sind gegeneinander austauschbar, ebenso die unterschiedlich großen Farbbecher. Als Zubehör gibt es zudem ein Düsenset 0,15 mm.

Bild 3-16: Beim Bau von Modellen aus unterschiedlichsten Materialien fallen Reste als Testmaterial automatisch an.

ergebnisse sonst zu Fehleinschätzungen führen können.

Die Voraussetzung für erfolgreiche Tests

Zu den Voraussetzungen für aussagekräftige Tests bzw. gelungene Lackierungen gehört natürlich, dass das eigentliche Lackieren mit dem Airbrush bereits beherrscht wird! Die Übung, die für eine erstklassige Lackierung notwendig ist, wird nämlich immer wieder unterschätzt und somit manch schönes Modell durch Unerfahrenheit ruiniert.

Natürlich muss man sich an die Hinweise der Hersteller und grundlegende Regeln wie „sauber, trocken, fettfrei“ halten, um mögliche Spätfolgen auszuschließen. Farbaufträge, die schon beim bloßen Anfassen Schaden nehmen, will später niemand am eigenen Modell entdecken wollen. Die Beseitigung von Schäden durch eine mangelhafte Griff- und Wischfestigkeit kann später viel Mühe bereiten, und dies gilt natürlich auch für hochgerissene Farbteilchen beim Maskieren, für Abplatzer, für Blasen oder Risse. Zum Üben mit den unterschiedlichsten Farbsorten eignen sich Metallobjekte wie die im folgenden Kapitel „lackierte“ Karosserie sehr gut, die es recht günstig im Spielzeughandel zu kaufen gibt. Metallobjekte haben den großen Vorteil, dass sich deren Farbauftrag wiederholt entfernen lässt, ohne dass die Gefahr ernsthafter Beschädigung oder gar der Zerstörung droht.

Für das Üben mit wasserverdünnbaren Airbrushfarben kann selbstverständlich auch auf Kunststoffmodelle zurückgegriffen werden – die Farbe lässt sich in der Regel durch die dazugehörigen Reiniger, Isopropanol (aus der Apotheke) oder Brennspiritus entfernen. Gelingen erst einmal einfarbige

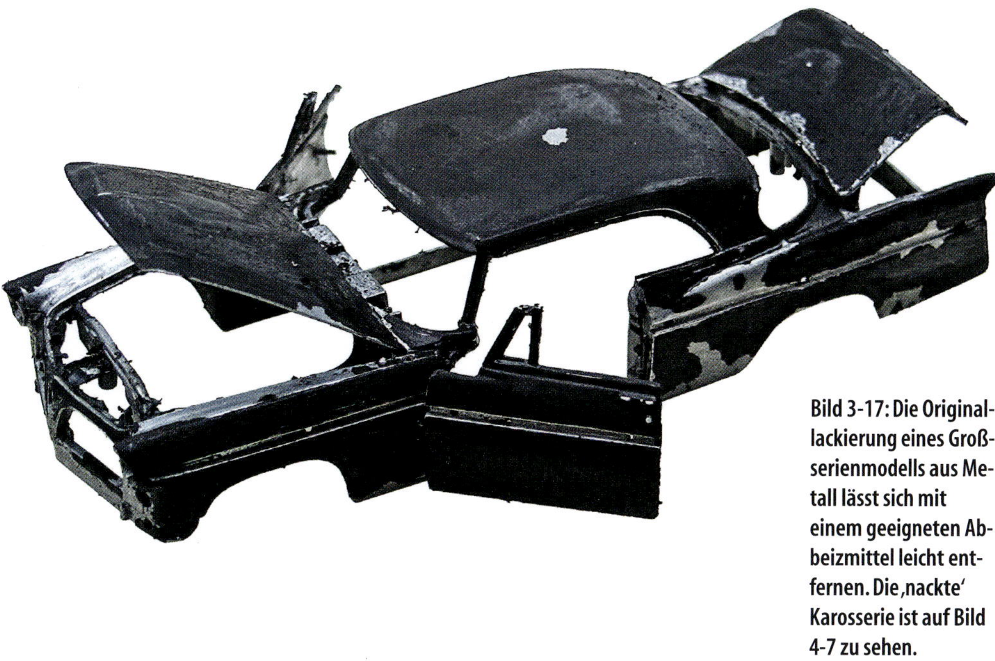

Bild 3-17: Die Originallackierung eines Großserienmodells aus Metall lässt sich mit einem geeigneten Abbeizmittel leicht entfernen. Die ‚nackte' Karosserie ist auf Bild 4-7 zu sehen.

„Lackierungen", so sind anschließend Sicherheit schaffende Tests, das Spritzen mehrfarbiger Objekte und schließlich das Gestalten von Designlackierungen kein Problem mehr.

Nicht vergessen: Die gesamte Bandbreite an Farbsorten und Vorgehensweisen wird zwar anhand bestimmter Modelle vorgestellt, das meiste davon ist aber übertragbar und vielfältig zu nutzen!

Die Schutzmaßnahmen beim Lackieren

Autolackierereien sind immer mit einer oder mehreren Spritzkabinen mit leistungsstarken Absauganlagen ausgestattet. Sie halten die Luft am Arbeitsplatz sowohl frei von Staubpartikeln, die als hässliche Pickel die Lackierungen verunstalten, als auch vom Farbnebel, der beim Lackieren mit einem Spritzapparat unweigerlich entsteht. Dieser Farbnebel verteilt sich sonst weiträumig, zieht nicht nur einen erheblichen Reinigungsaufwand nach sich, sondern ist in jedem Fall durch das Einatmen des Farbstaubes und ggf. auch durch die Lösungsmitteldämpfe gesundheitsgefährdend.

Von leicht entzündbaren Dämpfen geht zudem die Gefahr einer Verpuffung (Explosionsgefahr!) aus, wenn sie in der Raumluft eine bestimmte Konzentration erreichen. Es ist deshalb sinnvoll, Spritzarbeiten ab einer bestimmten Größenordnung einem Fachbetrieb zu überlassen. Schon das notwendige „Drumherum", das erst eine einwandfreie und gefahrlose Lackie-

Bild 3-18: Vor dem Farbauftrag sind grundlegende Regeln bzw. Herstellerhinweise wie „sauber, trocken, fettfrei" Voraussetzung, um Spätfolgen wie Blasen, Risse und Abblättern auszuschließen. Farbe, die sich irgendwann ablöst, gehört sicherlich zu den Dingen, die keinem Modellbauer zu wünschen sind (Landungsboot der 'Frosch'-Klasse der DDR-Volksmarine im Maßstab 1:100)

Bild 3-19: Hier ist die Materialkombination ungeeignet gewesen: Statt die Kennung aufzukleben, wäre es sicherlich sinnvoller gewesen, mit Hilfe des Aufgeklebten zwei Schablonen - für die Farben Weiß und Schwarz – zu fertigen und die Kennung zu spritzen (Dänisches Schnellboot „Willemoes P 544" im Maßstab 1:50)

rung erlaubt, ist sehr aufwendig und kostenintensiv.

Dies alles soll aber keineswegs heißen, dass das Lackieren von Modellen in den hier behandelten Größen nicht am eigenen Arbeitsplatz möglich ist. Die Frage, ob die Grenze zwischen Eigen- und Fremdarbeit erreicht ist, stellt sich für das RC-Modell in Bild 3-21, dessen Maße sich durch das danebenliegende Lineal gut einschätzen lassen, eigentlich noch nicht. Natürlich spielen für diese Überlegung aber auch die eigenen Räumlichkeiten und deren Einrichtung eine wichtige Rolle. Das Lackieren wirklich großer Modelle sollte aber, soweit sie nicht in Teilen nacheinander zu spritzen sind, in einer Lackiererei vorgenommen werden.

Die Absauganlagen für den Atemschutz

Auch beim Spritzen von kleinen Modellen im häuslichen Umfeld sind Sauberkeit und Gesundheit nicht außer Acht zu lassen. Mit dem Airbrush sollte stets so gearbeitet werden, dass kein sichtbarer Farbnebel entsteht und nur soviel Farbe freigegeben wird, dass kein wirklich nasser Farbauftrag entsteht. Weiterhin ist der Abstand des Airbrushs zum Spritzgrund immer so gering wie spritztechnisch möglich zu halten.

Zur Sicherheit kann man sich aber zusätzlich mit Absauganlagen recht unterschiedlicher Leistung helfen, sowie kleinen „Spritzkabinen", die im einfachsten Fall aus Karton und Vlies bestehen. Letztere sind im Vergleich zu den meist auf professionelle Anwender

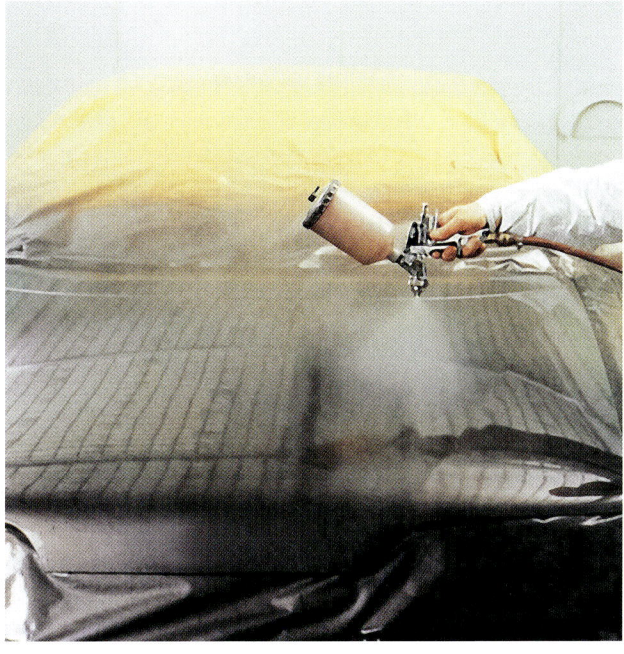

Bild 3-20: Historischer Blick in die Spritzkabine einer Lackiererei. Das Bemühen, gesundheitliche Risiken während der Arbeit durch Schutzmaßnahmen weitgehend auszuschließen, ist ständig weiter vorangeschritten.

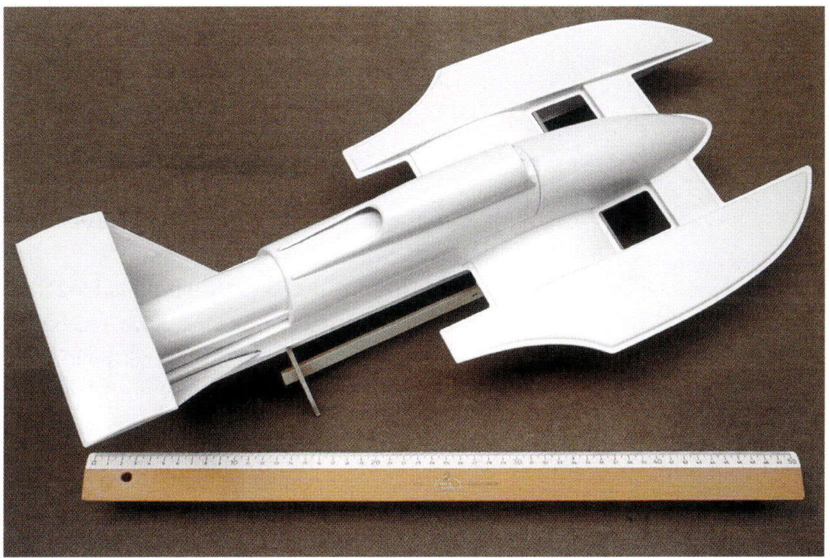

Bild 3-21: Das 50-cm-Lineal neben dem unlackierten Rennboot sagt etwas über den voraussichtlichen Aufwand für die Spritzlackierung aus. Deshalb muss man vorher genau überlegen, was, wo und wie gemacht werden soll.

Bild 3-22: Eine Spritzkabine aus Karton und Vlies ist leicht zu bauen. Links oben hängt eine einfache Staubmaske

zugeschnittenen Absauganlagen selbstverständlich billiger. Sie sind recht unproblematisch aufzubauen und den eigenen Wünschen entsprechend einzurichten. Ein gut geeignetes Material für die Wandgestaltung sind z. B. Filtermatten, wie sie für Dunstabzugshauben in Küchen preiswert angeboten werden.

Generell sollte beim Lackieren mit einem Schutzlack, also beim Anlegen von Farbaufträgen mit echter Schutzfunktion, eine geeignete Staubmaske aufgesetzt werden. Sie ist im Fachhandel erhältlich, nicht allzu teuer, schützt gegen den Farbstaub, ist aber wirkungslos gegen die organischen Lösungsmittel in Farben. Da diese Lösungsmittel zugleich die Gefahr einer Verpuffung mit sich bringen, dürfen solche Farben zuhause sowieso nur in sehr kleinen Mengen und in außerordentlichen gut belüfteten Räumen verarbeitet werden.

Acrylfarben werden nicht mit leicht flüchtigen Verdünnungsmitteln wie Alkohole oder Nitroverdünner auf Spritzkonsistenz verdünnt. Damit besteht auch bei größeren Projekten keine Feuer- und Explosionsgefahr.

Die Farben und der Scale Effect

Um das Bemalen, Lackieren, Verwittern, Altern und Patinieren geht es, wenn ein passionierter Modellbauer das Erscheinungsbild großer Vorbilder

Bild 3-23: Eine auf den RC-Modellbauer und Gartenbahner zugeschnittene Absauganlage für Farbnebel von wasserverdünnbaren Acrylfarben

Bild 3-24: Eine Canadair CL-13 Sabre Mk.6, die JB-110 C/n 1643, abgestellt am Rande des winterlichen Flugfeldes in Uetersen / Heist

täuschend ähnlich nachstellen will. Und treffend nachstellen kann natürlich nur, wer draußen ganz genau hinschaut. Dabei lohnt es sich natürlich auch, die Farbangaben der Modellanbieter resp. der Farbhersteller auf ihre Stimmigkeit für das eigene Projekt zu hinterfragen.

Der Scale Effect – eine Begriffserklärung

Der Maßstab eines Modells steht letztlich für die Entfernung, aus der ein Objekt oder eine Szenerie betrachtet wird. Je kleiner der Maßstab, desto mehr Details können nicht mehr wahrgenommen resp. dargestellt werden. Wie steht es dabei mit der Wahrnehmung resp. Darstellung von Farben?

Aus der Malerei ist das Phänomen der „Lichtperspektive“ bekannt. Im Modellbau steht dafür der aus dem englischen übernommene Begriff „Scale Effect“. Gemeint ist damit, dass eine Farbe mit zunehmendem Abstand zum Betrachter anders wahrgenommen wird. Das Phänomen kennt wohl

Bild 3-25: Die Veränderung von Farben durch Scale Effect an einem Flugzeug in Originalgröße, aufgenommen bei einem Abstand (von unten nach oben) von 1, 10 und 48 Metern. Die umlaufenden Farbbänder greifen die Farbtöne aus einem Meter Aufnahmeabstand auf und legen sie zum Vergleich neben die entsprechenden Flächen der weiteren Fotos.

jeder von Bäumen, die um den Betrachter herum kräftige Farben und Schatten haben, in der Ferne stehend (im Dunst) jedoch immer heller / grauer / blasser werden. Wie diese Veränderung ausfällt, hängt von den klimatischen Bedingungen ab, dem geografischen Ort, der Tages- sowie Jahreszeit und den Lichtverhältnissen (in der Sonne, im Gegenlicht, im diffusen Tageslicht).

Eine allgemeingültige Faustregel zur Umsetzung der Luftperspektive ist also nicht möglich, denn das Licht bei sommerlicher Mittagshitze ist natürlich anders als an einem klaren Wintertag. Für den Modellbauer bedeutet diese Erkenntnis, dass er sich der Umwelt-Rahmenbedingungen, die für sein Modell relevant sind, bewusst sein sollte. Zu beobachten ist darüber hinaus, dass es unter den Farben „in der Ferne" weder ein reines Weiß noch ein echtes Schwarz gibt, sodass diese Farben auch auf Modellen nur abgetönt – und damit scale-gerecht – eingesetzt werden sollten.

Umsetzung in der Praxis

Zum Beispiel:

Gesucht werden die Farbtöne für die farbliche Gestaltung eines Modells im Maßstab 1:48. Das Modell soll bei einem Abstand von einem Meter zum Betrachter das Aussehen des Originals aus einer Entfernung von 48 Metern vortäuschen. Im Maßstab 1:72 sind es dann 72 m zum Original, bei kleinerem Maßstab wächst der Abstand entsprechend.

Dazu versuchsweise folgender Ansatz zur Aufhellung: Ausgehend von der Farbe des Vorbildes wird dieser Farbton für den Maßstab 1:48 um 25% in Richtung Weiß aufgehellt, für den Maßstab 1:72 um 35% und so weiter (bei größeren Maßstäben also entsprechend weniger). Dabei wird schnell deutlich, dass dieser Scale Effect für sehr helle Lichtverhältnisse steht.

Ein zweiter Ansatz, ausgerichtet auf nordeuropäische Lichtverhältnisse, schlägt folgende Reihung vor: 1:144 mit 23% Aufhellung, 1:72 mit 15% Aufhellung, 1:48 mit 10% Aufhellung und 1:32 mit 7% Aufhellung.

Aber Vorsicht, diese Prozentzahlen beziehen sich auf die Aufhellung, nicht auf die Menge des beizumischenden

Bild 3-26: Foto aus einem Abstand von etwa 72 Metern (Spitfire Mk.IX /Danmarks Flymuseum)

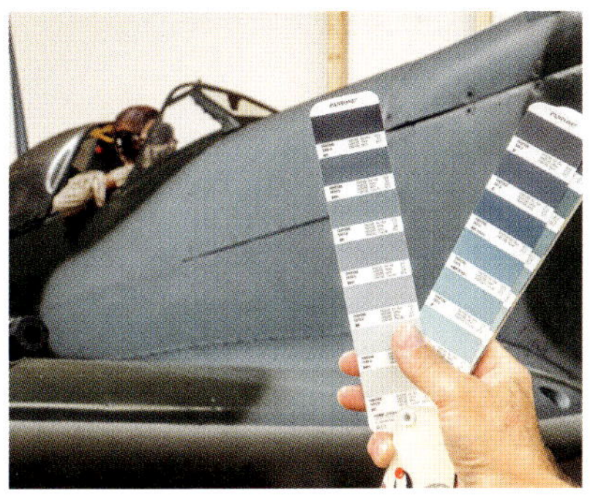

Bild 3-27: Farbabgleich direkt vor einer Spitfire Mk.IX (Danmarks Flymuseum)

Bild 3-28: Im direkten Vergleich wird auch hier die Luftperspektive (= Scale Effect) deutlich.

Weiß. Jeder Farbton einer Farbsorte wird schon durch das unterschiedliche Pigment anders auf das Zugeben von Weiß reagieren, sodass die tatsächlichen Mischungsverhältnisse gänzlich andere sein können!

Hilfen durch Fotos und Farbkarten

Eine gute Möglichkeit, die Theorien zum Scale Effect anschaulich nachzuvollziehen, bietet die Fotografie. Im Einstellungsmodus M der Kamera (M = manuelle Belichtung) wird die Belichtung festgelegt und Aufnahmen aus verschiedenen Entfernungen ohne eine Veränderung der Belichtung gemacht. Der Abstand zum Flugzeug beträgt beim Bild 3-25: 1, 10 und 48 Meter, bei den Bildern 3-26 und 3-27 beträgt er 72 und 1 Meter. Sehr hilfreich für das Festlegen des Scale Effects können thematisch ausgerichtete Farbkarten sein. Sie erlauben am großen Vorbild einen direkten Abgleich aus maßstabsgerechter Entfernung, insbesondere, wenn sie mit Originalfarben versehen und nicht gedruckt sind.

Da eine Standardisierung des Scale Effects nicht möglich ist, gehen die Hersteller von Modellfarben manchmal eigene Wege, um ihre Farben etwas auf diesen Effekt zuzuschneiden. Das ist sicherlich mit einer der Gründe, weshalb Modellbauer bei den Farben unterschiedliche und manchmal auch ziemlich weit auseinanderliegende Vorlieben hinsichtlich der von ihnen angebotenen

Bild 3-29: Thematisch ausgerichtete Farbkarten erlauben, insbesondere, wenn sie mit Originalfarben angelegt und nicht gedruckt sind, einen direkten Abgleich aus der maßstabsgerechten Entfernung.

Farbtöne und Farbsorten entwickeln.

Die Hersteller von Bausätzen machen meist nur Angaben für Farbsorten bestimmter Hersteller, und sei es nur für die eigenen. Deshalb sind vergleichende Farbtabellen, die es in den unterschiedlichsten Aufmachungen gibt, im Einzelfall eine große Hilfe, gerade wenn die vorgegebenen Farbangaben sich nicht auf das vorhandene Farbsortiment beziehen. *(Bild 3-30)* Die große Vielfalt der angebotenen und in den Bauanleitungen benannten Farbtöne ist zumeist auf das sehr umfangreiche Spektrum standardisierter Farben bei den Vorbildern zurückzuführen. Dazu gehören der American Federal Standard 595, die RAL-Farben, die Pantone-Töne, die Farbstandards der Militärverwaltungen unterschiedlicher Länder und Epochen, die Farbfestlegungen der Eisenbahnen (auch diese nach Ländern und Epochen unterschieden) sowie die Lacke der Autohersteller weltweit.

„Zenithal Light Technique"

Neben dem Maßstab eines Modells ist mit den Farbvorgaben des großen Vorbildes die Frage zu berücksichtigen, welche Lichtverhältnisse dargestellt werden sollen. Bei der Mehrzahl der Modelle werden die Modellbauer unbewusst von einem sehr diffus von oben einfallenden Licht ausgehen, ohne sich weiter darum zu kümmern. Das gezielte Berücksichtigen eines von oben kommenden Lichts wird im Modellbau – wieder ganz Englisch – mit dem Begriff „Zenithal Light Technique" bezeichnet. Dabei werden die Lichteffekte, die das von oben kommende Licht auf dem großen Vorbild erzeugt, mit in die Farbgebung des Modells einbezogen. Das Modell kann dadurch noch plastischer wirken.

Grundlage für diese Überlegungen ist die Tatsache, dass das Modell im Vergleich zum Original natürlich weitaus weniger Volumen und damit deutlich weniger Schattentiefe hat.

Gut sichtbar wird diese Feststellung, wenn der Modellbauer mit dem

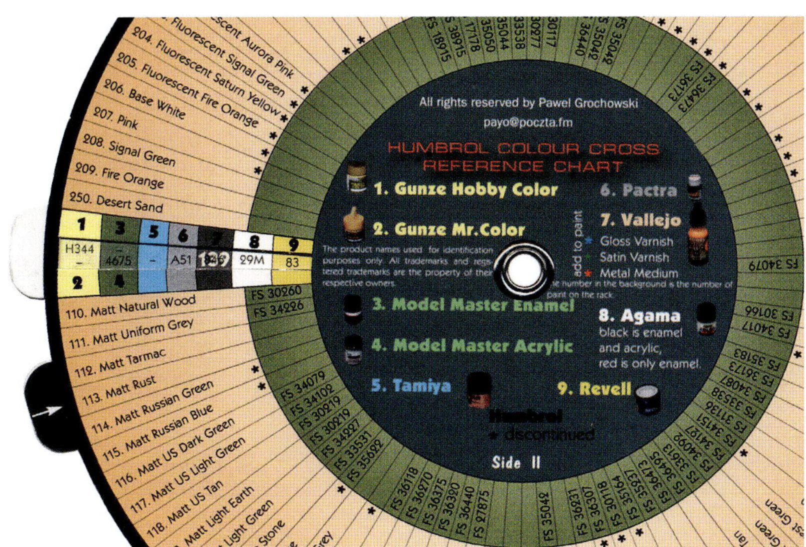

Bild 3-30: Auf dieser Drehscheibe sind die Farbsortimente von acht Anbietern zu finden (Sortimente von Farbherstellern und von Bausatzherstellern). Dabei geht es einerseits um eine tatsächliche Übereinstimmung der Farbtöne, andererseits – schon mit Blick auf den Umgang mit dem *Scale Effect* – um das Auffinden von Alternativen zu den Angaben der Bausatzhersteller.

Modell in der Hand vor dem Original steht, die Lichtverhältnisse für das Vorbild und das Modell also gleich sind.

In der Modellbaupraxis bedeutet dies, dass die Farbe der oben liegenden Flächen, also von Flächen, auf die das Licht unmittelbar fällt, zusätzlich etwas aufgehellt wird. Als Basisfarbton dient der Scale-Ton, der auf allen Flächen parallel zur Lichtrichtung zu finden ist. Die Schattenpartien erhalten eine leichte bis starke „Vergrauung“, wodurch das Aussehen des Modells dem Vorbild gegebenenfalls noch näher kommen kann.

Eine sehr wichtige Rolle spielt die „Zenithal Light Technique“ im Zusammenhang mit dem Scale Effect auch bei der Darstellung von Architektur. Die Szenerie aus einer amerikanischen Großstadt ist ein Beleg dafür, wie wunderbar sich mit der Illusion von Realität spielen lässt *(Bild 3-33)*. Dass es sich tatsächlich um ein Diorama im

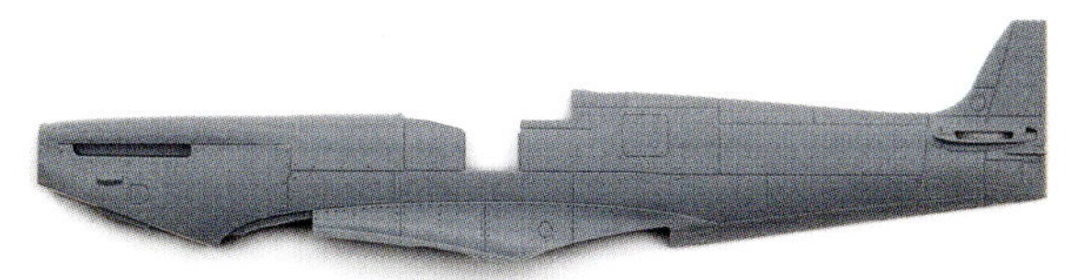

Bild 3-31: Wie stark die Kontraste beim Vorbild sein können, zeigt sich spätestens, wenn einzelne Farbtöne gezielt betrachtet werden.

Bild 3-32: Bei dieser unbemalten Rumpfhälfte einer Spitfire im Maßstab 1:72 ist gut zu sehen, dass sie trotz leicht seitlichem Lichteinfall recht flach wirkt.

Bild 3-33: Mit der Realität spielen: Das Erscheinungsbild großer Vorbilder lässt sich durch Altern und Patinieren täuschend ähnlich nachstellen. Hier ist es die Szenerie aus einer amerikanischen Großstadt.

Bild 3-34: Hier sieht man, dass es sich tatsächlich um ein Diorama im Maßstab 1:25 handelt. Der Holzsockel und – auf den zweiten Blick – auch die noch messingfarbene Feuerleiter offenbaren es.

Maßstab 1:25 handelt, wird erst durch den Holzsockel im *Bild 3-34* wirklich ersichtlich.

Genaues Hinsehen ist gefragt

Um ein solches Diorama gestalten zu können, ist natürlich ein sehr wichtiger Aspekt des Modellbaus gefragt, nämlich das genaue Hinsehen – auch und gerade bei den Farben. Da die oberen Stockwerke in den Häuserschluchten der Großstädte wesentlich mehr Licht abbekommen als die unteren, wurde der zugrunde liegende Ziegelton auf dem Mauerwerk als langer Verlauf ausgeführt. Das Haus ist oben also heller als unten, was jedoch nicht auffällt, da es richtig aussieht und wir es als „einfarbig" annehmen. Erst ein im Foto daneben gelegter, durchgehender Farbbalken macht die tatsächliche Farbgebung offensichtlich *(Bild 3-35)*.

Im Vergleich mit den Aufnahmen vom grundierten Rohbau wird die Perfektion und die Rolle klar, die der meisterliche Umgang mit Farbe hier spielt. Bei diesem Architekturmodell haben wir es mit einem sog. Scratch-Bau (engl.: scratch building) zu tun, d. h., dass es sich nicht um einen Bausatz handelt, sondern selbst geplant und mit unterschiedlichen Materialien gebaut wurde. Einfarbig grundiert, hat er nichts von der „Größe", in der er sich später präsentiert. Erst wenn die Farbgebung einen maßstabsgerechten Standpunkt berücksichtigt, der Betrachter also zum Licht und damit auf heller werdende Wand-

Bild 3-35: Ein Bildausschnitt, an dessen rechten Rand ein im unteren Bereich vorkommender Ziegelton gelegt wurde, offenbart die Stärke des Helligkeitsverlaufs auf der Hauswand.

Bild 3-36: Der grundierte Rohbau macht richtig deutlich, wie perfekt hier später mit der Farbgebung umgegangen wurde.

Bild 3-37: Bei diesem Architekturmodell handelt es sich um einen sog. Scratchbau (engl.: *scratch building*), bei dem nicht auf einen Bausatz oder vorgefertigte Teile zurückgegriffen wird.

Bild 3-38: Alles „lebensecht“, einschließlich abplatzender Farbe. Nur die etwas eigenartige Plastikkatze vor dem Hauseingang irritiert.

Bild 3-39: Fehler im Glanzgrad von Modellen werden nur dann als wirklich störend und realitätsfern empfunden, wenn dieser zu hoch ist. Zu matte Aufträge werden seltener als unnatürlich empfunden. Der Glanz der Tragflächen bei den Wasserflugzeugen wirkt unnatürlich und verrät dadurch auch Bauschwächen. (Achterdeck des schweren Kreuzers ‚Tone' der kaiserlichen japanischen Marine im Maßstab 1:100)

partien blickt, verliert das Modell gänzlich das „Spielzeughafte".

Dieses Beispiel zeigt wieder, dass der Airbrush für die realistische Farbgebung und Oberflächengestaltung im Modellbau ein unverzichtbares Werkzeug ist. Der Blick auf den Eingangsbereich aus der Nähe sowohl im „Rohzustand" *(Bild 3-37)* wie auch fertiggestellt *(Bild 3-38)* unterstreicht dies. Es gilt für das Patinieren des Mauerwerks im Eingangsbereich ebenso wie für das Einfärben der Feuerleiter (die vor dem Fotografieren einfach nicht fertig geworden war) und das Lackieren der vor dem Haus stehenden Autos, inklusive aller Gebrauchsspuren.

Fehler im Glanzgrad der Lackierung

Nicht berücksichtigt wurde bisher beim Thema „maßstabsgerechte Wiedergabe von Farben" die Pigmentgröße und der Glanzgrad von Lackierungen. Auch hier gibt es keine Faustregel, die ein genaues Beobachten am Vorbild ersetzt.

Fehler im Oberflächenglanz von Buntfarben werden eigentlich nur dann als wirklich störend und vor allem realitätsfern empfunden, wenn der Glanzgrad zu hoch ist, das Modell also zu deutlich und merkwürdig glänzt *(Bild 3-39)*. Ein Farbauftrag, der zu matt ausgefallen ist, wird seltener als unnatürlich empfunden, da Witterungseinflüsse und Staub leicht zu einem solchen Aussehen führen. „Speckiger" Glanz hingegen passt zu verölten Maschinenteilen und Ähnlichem bei Modellen im größeren Maßstab.

Klarlacke gibt es als Mattlack, als Seidenglanzlack und als Glanzlack sowohl in den wasserverdünnbaren wie in den lösemittelhaltigen Sortimenten. Soweit sie aus dem Sortiment eines einzigen Anbieters stammen, sollten die Klarlacke untereinander problemlos mischbar sein. Durch gezieltes Mischen werden feinste, äußerst vorbildgetreue Abstufungen im Glanzgrad auf einem Modell möglich. Gerade bei pigmentierten (also bunten), wasserverdünnbaren Acrylfarben sind es die Klarlacke, die letztendlich den Glanzgrad der Farbtöne festlegen, denn die wasserverdünnbaren Airbrushfarben trocknen meist seidenmatt bis matt auf. Darüber hinaus kommt den Klarlacken eine Schutzfunktion bei sehr fein gespritzten Farbaufträgen zu, denn die zusätzlichen Lackschichten erhöhen natürlich die Griff- und Kratzfestigkeit des Farbauftrags.

Eine Schwierigkeit beim Spritzen von Klarlacken ist der Umstand, dass das Spritzbild nur schwer sichtbar ist. Ein weißes Stück Papier ist also wenig geeignet, den Sprühstrahl und die freigegebene Lackmenge zu kontrollieren. Graues oder braunes Papier (von alten Briefumschlägen etc.) leistet da bessere Dienste. Der auftreffende Lack besitzt ja eine kurzfristig noch sichtbare Restfeuchtigkeit, die es ihm erlaubt, auf dem Spritzgrund festzukleben. Diese Restfeuchtigkeit wird auf farbigen Papieren meist eher sichtbar und gibt Aufschluss darüber, ob ein gleichmäßiger, nicht zu nasser Lackauftrag entstehen kann *(Bild 3-41)*.

Neben dem passenden Glanzgrad müssen natürlich auch die Pigmentgrößen von Metallic-Lackierungen dem Maßstab des jeweiligen Modells entsprechen. Schon deshalb ist auch hier die Verwendung von Original-Autolacken nicht angeraten, da deren Metallic-Struktur viel zu grob ist. Zudem gilt für alle Farbtöne, mit denen eine metallische Oberfläche dargestellt werden soll, dass immer zu prüfen ist, ob sie sich nach dem Trocknen von ihrem Erscheinungsbild her (Pigment/Helligkeit/Glanzgrad) auch wirklich für den jeweiligen Maßstab eignen (auf dem hier abgebildeten Übungsstück – *Bild 3-42* – erweist sich schon die Metallic-Struktur als nicht maßstabsgetreu).

Bild 3-40: Gloss Varnish, Satin Varnish und Matt Varnish, Matte Top Coat und ähnliche Bezeichnungen benennen bei international verfügbaren Klarlacken den Glanzgrad.

Bild 3-41: Auf grauem Papier wird das Aussteuern des Sprühstrahls für einen feinen Klarlackauftrag zumindest für einen kurzen Moment sichtbar.

Bild 3-42: Metallic-Lack (Original-Autolack) auf einem Transporter im Maßstab 1:87. Die Pigmentierung des Lacks ist definitiv zu grob.

KAPITEL 4

Das Spritzen am Metallmodell üben

Es geht in den praktischen Bereich! Wie gehe ich vor, wenn Dreidimensionales, also echte Modelle, gespritzt werden sollen? Alle Teile einzeln spritzen – ja oder nein? Grundieren, muss das sein? Wie mische ich meine Wunschfarbe? Wann ist ein Überzug aus Klarlack sinnvoll? Die Feinarbeit lässt bereits grüßen!

Bild 4-1: Ein sauber lackiertes Fertigmodell aus Metall ist eine gute Orientierungshilfe zur Qualitätsbestimmung der Lackierung.

Bild 4-2: Dieser Alfa Romeo belegt eindrucksvoll, dass es besser ist, mehrfarbige Modelle vor dem Zusammenbau zu lackieren. Das Maskieren der Metall- und andersfarbigen Teile ist am fertig zusammengesetzten Modell schier unmöglich.

Qualitätskriterien erforschen

Für die erste „richtige" Lackierung, dem flächigen Spritzen auf einem Metallmodell, ist es interessant zu wissen, welche Qualität der Ausführung auf diesem Gebiet erreicht werden sollte. Davon kann man sich am besten einen Eindruck an fertig lackierten, qualitativ hochwertigen Großserienmodellen verschaffen, die es überall zu kaufen gibt (speziell 1:18/1:24).

Ein kritischer Blick auf den Lack solcher Modelle (Bild 4-1) lässt zwar auch qualitative Unterschiede erkennen, wenngleich die meisten Lackierungen der namhaften Hersteller in Ordnung sind. Lackiertechnische Schwachstellen, die hin und wieder gerade in innenliegenden Ecken auftauchen, fallen erst beim zweiten Blick auf. Sind diese Probleme erst einmal bewusst, lassen sie sich bei den eigenen Lackierungen mit zunehmender Erfahrung mehr und mehr vermeiden.

Lackieren – vor oder nach dem Zusammenbau?

So dürfen bei der eigenen Arbeit schwer zugängliche Ecken und Winkel nicht durch voreiliges Zusammenfügen einzelner Bauteile erst geschaffen werden. Bei Baugruppen, die eine einheitliche Farbe erhalten sollen, bietet sich im ersten Moment eine Montage vor dem Lackieren an, da speziell beim Zusammenkleben von bereits lackierten Einzelteilen an den Klebestellen die Farbe wieder entfernt werden muss.

Das partielle Abkratzen der gespritzten Farbschicht ist oftmals aber einfacher als das Lackieren innenliegender Bauteile. Diese sind entweder kaum zu erreichen, oder aber angrenzende Teile werden durch ein Zuviel an Farbe in Mitleidenschaft gezogen.

Naheliegend ist das getrennte Spritzen von Einzelteilen vor dem Zusammenfügen natürlich dann, wenn Bauteile eine unterschiedliche Farbe erhalten bzw. Angesetztes nur teilweise oder gar nicht lackiert werden soll. Das fachgerechte Maskieren einzelner Elemente am fertigen Modell wäre dann derart aufwendig bzw. chancenlos, dass es sich schon von selbst verbietet.

Hilfen beim Spritzen – Spezialhalter und Lackierpodeste

Zu lackierende Bauteile müssen in irgendeiner Weise gehalten werden. Da in vielen Fällen auch Rundumlackierungen erforderlich sind, wird immer wieder die Frage auftauchen, wie das Bauteil gehalten werden soll, damit es möglichst in einem Zug lackiert werden kann. Hier geht es dann nicht ohne Haltehilfen.

Das Festhalten von Kleinteilen

Falls es möglich ist, sollten kleine, an einem Gießast hängende Bauteile dort zum Lackieren verbleiben. Das Halten der Spritzlinge bzw. kleiner und mittlerer Bauteile übernehmen Spezialhalter, mit deren Hilfe sie in der zum Spritzen günstigsten Position fixiert werden. Sie lassen sich dann rundherum in einem Arbeitsgang spritzen.

Auch simple Zettelhalter können mit ihren Klammern eine gute Hilfe beim Spritzen sein. Kleine, vom Gießast gelöste Teile können auf Zahnstochern mit Knetmasse oder mit wieder verwendbaren Haftpunkten befestigt werden, die lt. Herstellerangaben bis zu 250 g halten können. Dies bedeutet, dass kleine Bauteile, die bei Weitem nicht dieses Gewicht erreichen, vom Sprühstrahl nicht gleich weggeblasen werden.

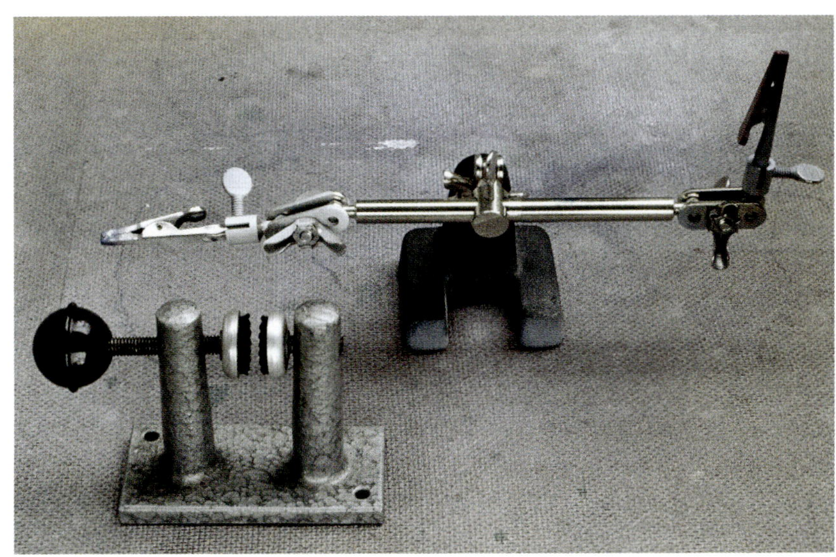

Bild 4-3: Diese Spezialhalter helfen beim Spritzen kleinerer Bauteile.

Bild 4-4: Man muss sich nur zu helfen wissen! Sowohl simple Zettelhalter mit ihren Klammern als auch Zahnstocher mit einer Knetmasse am Ende sind eine gute Hilfe beim Spritzen kleinster Teile.

Bild 4-5: Auf einem einfachen Drehteller aus dem Baumarkt steht eine Vorrichtung aus Eigenbau zum Halten des Modells. So ist ein zügiges Bearbeiten von allen Seiten möglich.

Das Festhalten größerer Bauelemente

Größere Elemente wie ganze Autos werden auf Vorrichtungen und individuellen Lackierpodesten platziert, z. B. auf Haltegestelle im Eigenbau, die wiederum auf einem einfachen Drehteller aus dem Baumarkt stehen. Dies erlaubt das zügige Bearbeiten von allen Seiten.

Wird das Modell zum Spritzen in einer Kabine auf einem drehbaren Podest befestigt, muss es so gesichert sein, dass es sich beim Drehen gefahrlos mitdreht. Dies ist die Voraussetzung, dass das Modell in der kleinen Spritzkabine bzw. vor einer Absauganlage von allen Seiten problemlos bearbeitet werden kann. Das Lackierpodest muss

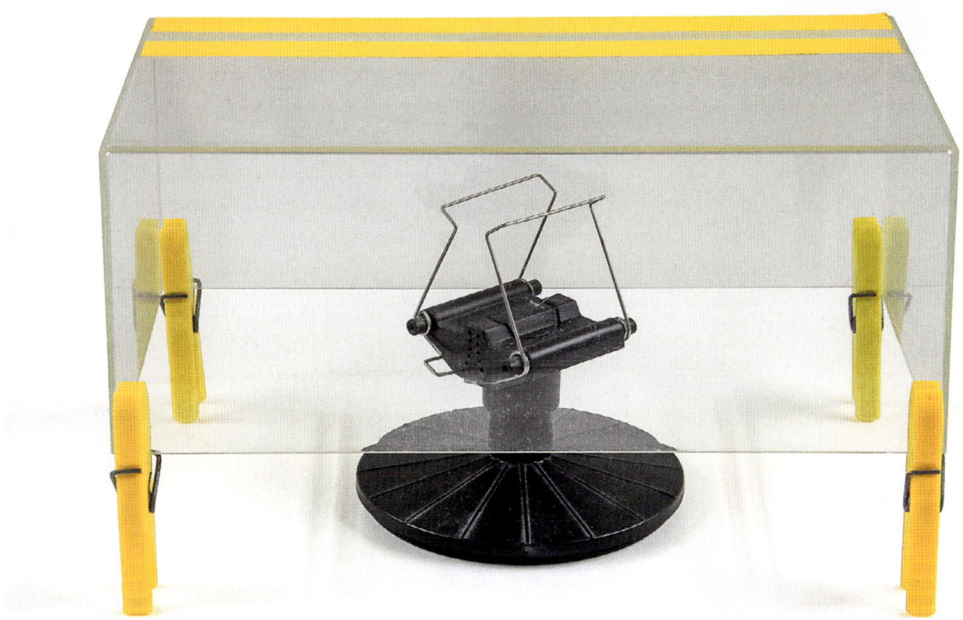

Bild 4-6: Frisch lackierte Modelle werden durch eine Plexiglashaube vor Staub geschützt. Für den notwendigen Luftaustausch wird die Abdeckung wie z. B. hier auf Wäscheklammern gestellt, um etwas Abstand zum Boden zu haben.

dabei kleiner sein als die zu spritzenden Seiten des Modells, weil diese nicht direkt auf die Podestfläche stoßen dürfen.

Zwei Gründe gibt es für diese Anforderung: So besteht die Gefahr, dass hässliche Kanten entstehen, wenn der Sprühstrahl vom Lackierpodest reflektiert wird, die Farbe verwirbelt und dadurch ein ungleichmäßiges Spritzbild erzeugt. Es können aber auch Staub- und andere Farbpartikel wieder aufgewirbelt werden, die sich während des Arbeitens absetzen – und Staubteilchen sind der Ruin jeder Lackierung.

Der Schutz vor Staub

Vor dem Lackieren muss bereit feststehen, an welchem Platz das frisch lackierte Modell anschließend staubfrei trocknen kann. Eine Lackierung wird nämlich nicht nur während des Spritzens, sondern je nach Farbsorte auch eine ganze Weile danach noch staubempfindlich sein. Sowohl Arbeits- als auch Trockenplatz müssen deshalb so staubfrei wie möglich sein.

Ist das Aufwirbeln von Staub bei penibler Sauberkeit in den Griff zu bekommen, so bleibt doch der ständige Staubgehalt der Luft – in großem Maße abhängig von der Luftfeuchtigkeit – als mögliches Problem bestehen. Denn je höher die Luftfeuchtigkeit, desto weniger umherfliegender Staub. Dagegen hilft es, vor Arbeitsbeginn mit dem Airbrush eine ordentliche Ladung klares Wasser in der Luft zu versprühen!

Nach dem Lackieren kommt das Modell dann „unter die Haube“. Für neugierige Geister, die hin und wieder nach ihrem Werk gucken müssen, sind Plexiglasabdeckungen vorteilhaft; aber auch saubere Kartons leisten gute

Dienste. Frisch lackierte Teile dürfen aber nicht völlig eingeschlossen werden, damit sie gut ablüften können.

Das Grundieren

Die Arbeit beginnt, wenn das neu zu lackierende Metallmodell von der ursprünglichen Lackierung völlig befreit ist.

So ist als Erstes zu entscheiden, ob das Modell eine Grundierung erhalten oder gleich Lack gespritzt werden soll. Eine Grundierung kann zweierlei Aufgaben erfüllen:

- Sie ermöglicht als sog. Haftgrund, dass der Lack besser auf einem Material hält. Der Haftgrund ist also eine Art Bindeglied.
- Sie hilft, wenn mit einer wenig deckenden Farbe auf einem Modell aus unterschiedlich farbigen Bauteilen ein gleichmäßiger Farbeindruck erzielt werden soll. Beispiele hierfür sind das Flugmodell im Bild 5-6, Seite 91, und das Lok-Modell im Bild 5-34, Seite 109.

Wenn ein Metallmodell nach der gründlichen Reinigung einen Haftgrund erhält, so füllt dieser zugleich feinste Oberflächenunebenheiten und Poren und ermöglicht anschließend eine wirklich glatte Lackoberfläche. Spritzen Sie aber nur solche Grundierungen, die für den Modellbau nachweislich geeignet sind. Ein Füll- und Haftgrund (Filler), der für andere Zwecke angeboten wird, vermag nicht nur feinste Poren, sondern evtl. das gesamte Oberflächenprofil eines Modells verschwinden zu lassen. Was ein falscher Filler mit einem Airbrush anrichten kann, steht zudem auf einem anderen Blatt.

Grundierungen werden wie die Farben in dünnen Schichten schrittweise gespritzt. Nach dem Durchhärten (dies kann bei Raumtemperatur je nach Art der Grundierung 12 bis 14 Stunden oder sogar eine Woche dauern) beseitigen Nassschleifpapiere – 600er bis 1200er Körnung – oder ähnlich feine Schleifmittel die letzten Unebenheiten oder ein etwas körnges Spritzbild.

Bild 4-7: Eine vom alten Lack befreite und gründlich gereinigte Metallkarosserie vor dem neuen Farbauftrag.

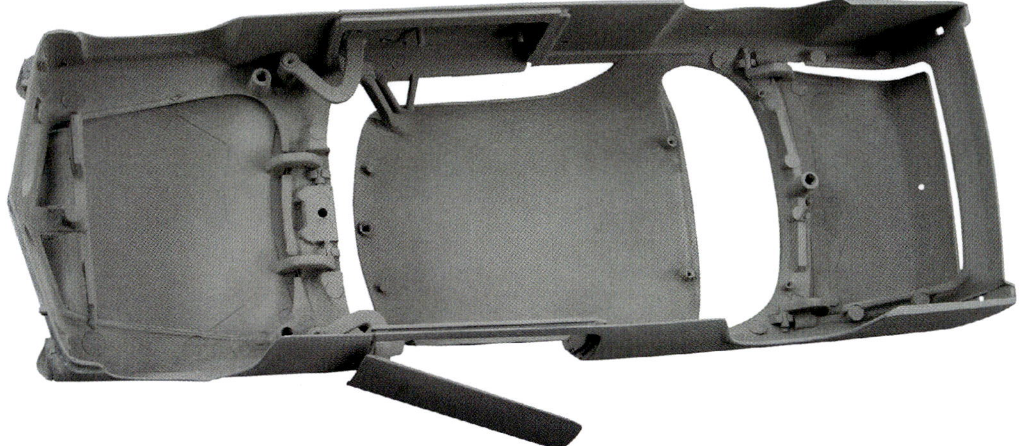

Bild 4-8: Grundierungen gibt es in unterschiedlichen Farbtönen. Mit dem hier gewählten Farbton wird zugleich der Stoff unter dem Autodach dargestellt.

> **WARNUNG!**
> Für das Glätten mit feinstem Nassschleifpapier muss der Lack absolut durchgetrocknet sein. Deshalb eine entsprechende Trockenzeit einplanen, da der sonst scheinbar trockene Lack beim Anschleifen „schmiert" und die Farbaufträge ruiniert.

Die Lackierarbeit

Vom Mischen der Farbe

Das grundierte Metallmodell kann jetzt lackiert werden. Sie können sofort beginnen, wenn Sie die Farbe aus einem Sortiment ungemischt übernehmen. Soll eine eigene Farbe angemischt beziehungsweise ein ganz bestimmter Lack nachgestellt werden, ist es ratsam, die Mischverhältnisse der dafür herangezogenen Farbtöne ganz genau zu notieren.

Geschieht dies nicht, wird ein späteres Nachmischen – weil z. B. die Farbmenge nicht ausreicht oder die Lackierung im Nachhinein ausgebessert werden muss – große Schwierigkeiten bereiten. Zudem ist es empfehlenswert, nicht gleich größere Lackmengen anzumischen, denn wenn das Mischen einmal nicht zum gewünschten Ergebnis führt, ist damit auch die entsprechende Farbmenge zumindest für diese Lackierung verloren.

Ist das Anmischen mit wenig Farbe gelungen, lässt sich das notierte Mischverhältnis einfach verdoppeln, verdrei- oder vervierfachen usw., bis die benötigte Farbmenge erreicht ist. Sehr kleine Farbtonabweichungen, die sich daraus noch ergeben können, lassen sich dabei mit wenigen zusätzlichen Tropfen korrigieren.

Der Mischbogen als Gedächtnisstütze

Auf diesem Bogen werden die Mischvorgänge bequem am Arbeitsplatz dokumentiert und später abgeheftet. Das ist besonders bei Modellen wichtig, bei denen Beschädigungen an der Tagesordnung (RC-Modelle) bzw. nicht auszuschließen sind (Eisenbahnmodelle usw.) und Nachlackierungen notwendig werden können.

Projekt: ______________________________

	Grund-farbe	+ Mischfarben				Spritzproben
Farbname Farbnr.						
Anteile						
+ Anteile						
+ Anteile						
+ Anteile						
+ Anteile						
+ Anteile						
+ Anteile						
= Anteile						

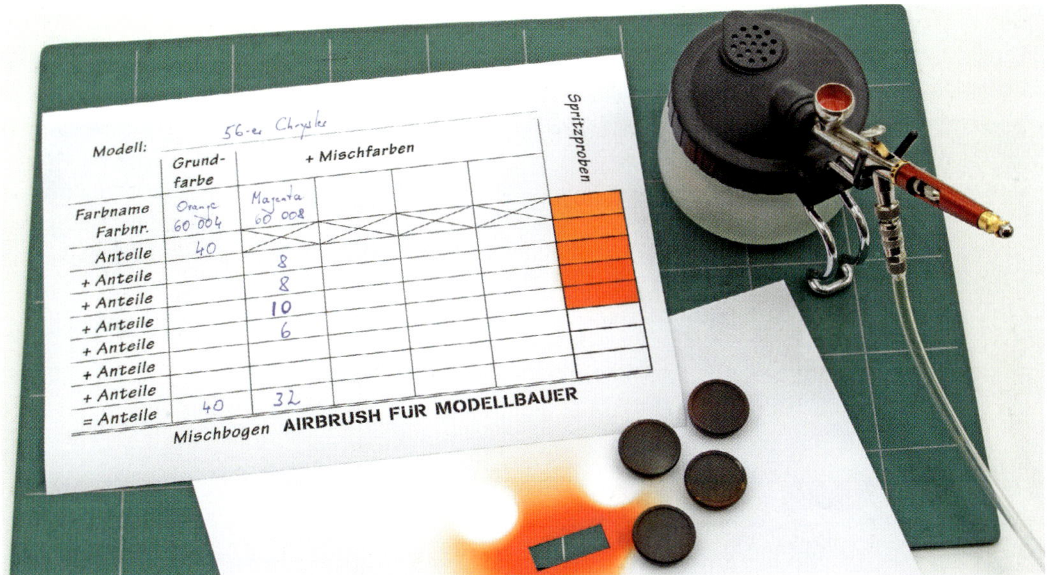

Das konkrete Beispiel für ein Mischprotokoll zeigt Bild 4-10. Als Vorlage für die Farbgebung des 56-er Chryslers dient der kubanische Oldtimer auf Bild 4-11. Eine mögliche Farbverfälschung durch die Fotografie, aber auch der sog. *Scale Effect* – siehe Seite 54 – wurden für dieses Modell nicht speziell berücksichtigt.

TIPP
Zum Mischen und Verdünnen kleinerer Farbmengen – wie auch zum Befüllen des Airbrushs – benutze ich Glaspipetten aus der Apotheke.

Der Ablauf des Mischens

Aus einem Farbensortiment für Modelle wird der nächstliegende Ton für die gewünschte Farbe als Grundfarbe ausgesucht. (Auf Modellen mit Original-Autolacken zu spritzen ist nicht sinnvoll, denn Autolacke bauen eine stabile Schutzschicht von entsprechender Stärke auf und sind nicht für feine Modelllackierungen konzipiert!) Die Grundfarbe lässt sich in Richtung auf das Farbmuster Schritt für Schritt vorsichtig abtönen. Die neu entstehenden Farbtöne werden jeweils am Rand aufgetragen und nach dem Trocknen mit dem Muster verglichen. Zum Abtönen dürfen Sie nur Farben aus demselben Sortiment oder mit dem gleichen Bindemittel wie die Grundfarbe nehmen. Sehr wichtig sowohl für das Mischen als auch für das Spritzen ist außerdem, dass die verwendeten Farben vollständig aufgerührt bzw. aufgeschüttelt sind! Ihr Färbevermögen – genauso wie ihr Glanzgrad und ihre Haftfestigkeit – kann sich sonst verändern und zu unangenehmen Überraschungen führen.

Das Vorgehen beim Lackieren

Das bereits grundierte Metallmodell erhält nun seinen dunkelgrauen Lack.

Bild 4-10: Das Mischprotokoll für den Rotton der Karosserie. (Foto und Druck geben die Töne nicht originalgetreu wieder!) Unten liegt die Papierschablone zum Spritzen der Farbproben. Der Airbrush ist auf einem Ausspritzbehälter (*Spraz Out*) abgelegt.

Bild linke Seite 4-9: Mischbogen als Kopiervorlage. Keinesfalls mehr als fünf Farben mischen, da die entstehende Farbe sonst zu „schmutzig" wird.

Bild 4-11: Ein betagter 56-er Chrysler in Havanna liefert das Farbmuster.

Alle Flächen, die später den Rotton erhalten, sind mit Maskierband abgeklebt. Gespritzt wird die Lackierung in feinen Schichten, die nicht gleich decken müssen. Zwischen den einzelnen Durchgängen können je nach Farbsorte Pausen von einigen Minuten sinnvoll sein.

Der ungleichmäßige Farbauftrag, der sich auf dem Bild 4-12 besonders im Bereich der Kofferraumklappe zeigt, ist dadurch entstanden, dass zuerst die Innenseite der Karosserie dunkelgrau gespritzt wurde. (Die bereits fertige hellgraue Dachunterseite ist dazu ebenfalls maskiert, wie sich durch das überstehende Maskierband gut erkennen lässt.) Ein etwas unregelmäßig gespritzter Farbauftrag ist hier unproblematisch, da so lange gespritzt wird, bis die Farbe überall gleichmäßig deckt.

Dasselbe gilt für die rot zu spritzenden Fahrzeugteile. Für diesen zweiten Arbeitsabschnitt wird neu maskiert, dabei werden nun die dunkelgrauen Partien und wieder die Dachinnenseite abgeklebt.

Das Versiegeln mit Klarlack

Airbrush-Farben trocknen in der Regel seidenmatt bis matt auf. Durch einen abschließenden Überzug mit Klarlack verwandeln sich die Farbaufträge in eine glänzende Lackierung auf der Metallkarosserie. Zudem wird der sehr feine Farbauftrag zusätzlich vor Beschädigungen geschützt. Damit sind die beiden Aufgaben eines Klarlacküberzugs erfüllt: die Festigkeit der darunterliegenden Farbschichten zu erhöhen und den Glanzgrad der

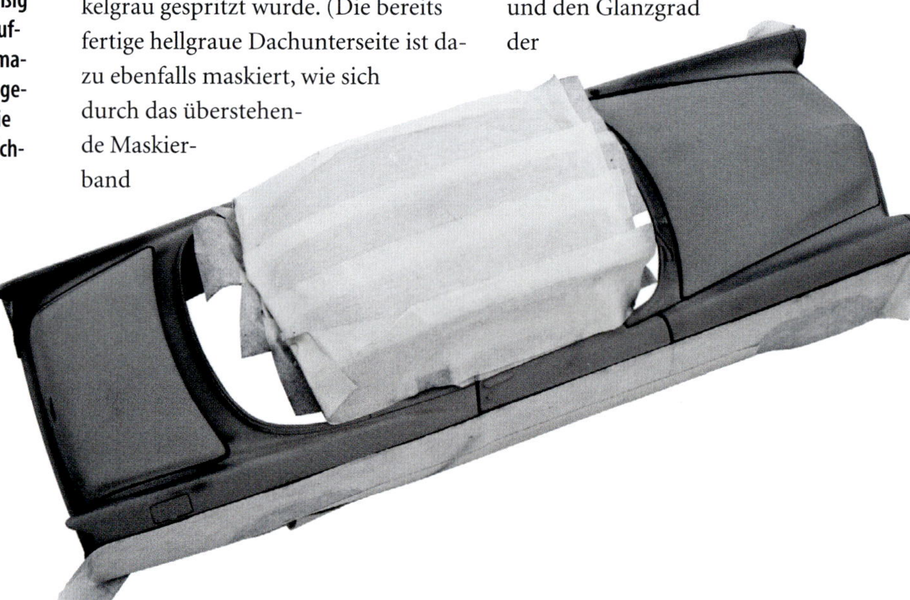

Bild 4-12: Das Metallmodell erhält seinen dunkelgrauen Lack. Ein etwas unregelmäßig gespritzter Farbauftrag ist unproblematisch, da so lange gespritzt wird, bis die Farbe überall gleichmäßig deckt.

fertigen Lackierung (glänzend, seidenmatt oder matt) zu bestimmen.

Das Überziehen von feinen Farbaufträgen mit Klarlack erweist sich nicht nur bei Airbrush-Farben als vorteilhaft. Das Rennboot (Bild 5-15) auf Seite 97, die Lok (im Bild 5-40) auf Seite 111, der Güterwagen (Bild 5-47) auf Seite 116 und die Propellermaschine auf Seite 140 (Bild 6-26) zählen zu den weiteren Beispielen für diese Vorgehensweise. Die Lok wurde mit seidenmattem, das Rennboot mit einem hochglänzenden, der Güterwagen mit einem matten Lack überspritzt – die Propellermaschine bekam von allem etwas.

Die richtige Farbsorte wählen

Die für dieses kubanische Automodell verwendeten Farben sind Airbrush-Farben, also flüssige, wasserverdünnbare Acrylfarben. Speziell für den Profi ist es bei Airbrush-Arbeiten wichtig, dass die oft mit einer ganzen Serie von Maskiervorgängen entstehenden Spritzbilder zügig nacheinander ausgeführt werden können. Das bedeutet für die Praxis, dass die Farben bereits unmittelbar nach dem Spritzen fest sind und mit Maskierfilm problemlos abgedeckt werden können. Wenn sachgerecht, d. h. relativ „trocken“ gespritzt wurde – also keinerlei ausgeprägte Feuchtigkeit auf dem Spritzgrund sichtbar wird –, erfüllen gute Airbrush-Farben diese Anforderungen.

Airbrush- und wasserverdünnbare Acrylfarben lassen sich auf nahezu allen Untergründen wie Holz, Metall oder Plastik verarbeiten sowie über Grundierungen mit Haftgrund oder Spachtelmasse aus Acryl-, Alkyd- oder Zweikomponentenmaterial.

Spritzversuche, um die Verträglichkeit der Materialien zu testen und um die Punkte herauszufinden, die in arbeitstechnischer Hinsicht kritisch sind und deshalb besonderer Sorgfalt bedürfen, sind in Zweifelsfällen auch hier ratsam. Sie sollten zumindest immer dann durchgeführt werden, wenn neue, noch nicht hinlänglich vertraute Materialien ins Spiel kommen. Kritisch unter dem Gesichtspunkt der Verträglichkeit kann beispielsweise das Grundieren oder Lackieren eines Kunststoffs sein, ebenso ein abschließendes Versiegeln mit Klarlack.

Bild 4-13: Nach dem Entfernen der Maskierbänder werden nun die dunkelgrauen Farbaufträge abgeklebt, bevor mit Rot gespritzt wird.

Bild 4-14: Mit einem Überzug von Klarlack erhielt die Lackierung die gewünschte Brillanz, die abhängig von der „Verschmutzung" und dem „Lackzustand" durchaus variieren kann.

Gefahr durch einen Klarlacküberzug

Kritisch ist das abschließende Spritzen von Klarlack nur, wenn Lacke die überspritzten, feinen Farbschichten anlösen können. Zum einen besteht diese Gefahr, wenn die überarbeiteten Farben noch nicht ausreichend durchgetrocknet sind. Zum anderen ist wichtig, dass das Lösungsmittel der Klarlackversiegelung die darunterliegenden Farben nicht angreift.

Sicherlich haben Sie in irgendeinem Zusammenhang bereits Erfahrungen mit den unterschiedlichsten Lösungsmitteln, Verdünnern oder Reinigern gemacht, die unter Bezeichnungen wie Universalverdünner, Nitroverdünner, Pinselreiniger, Testbenzin oder Terpentinersatz im Handel sind. Haben Sie damit nicht irgendwann einmal versucht, einen Pinsel zu säubern, und hatten keinen Erfolg?

Diese Erfahrung mit der „Wirkungslosigkeit" heißt es gezielt für das Anlegen einer Lackschicht zu nutzen. Dabei ist natürlich auch zu bedenken, dass die Farben und Lacke nach dem Auftragen, besonders aber nach dem Durchtrocknen, auf die jeweiligen Verdünner ganz anders reagieren können als im flüssigen Zustand. Als Beispiel seien hier wieder die Airbrush-Farben angeführt: Verarbeitet werden diese Farben mit Wasser, nach dem vollständigen Durchtrocknen sind sie wie alle

Bild 4-15: So sieht es aus, wenn eine Lackierung mit Klarlack überzogen und von diesem angelöst wird.

Acrylfarben wasserfest. Ein Klarlack aus wasserverdünnbaren Acrylfarben stellt für eine durchgetrocknete Airbrush-Farbe also keine Gefahr dar, ebenso wenig wie eine Klarlackversiegelung aus den Modellbau-Sortimenten der Email- oder Enamel-Farben.

Grafische Arbeiten mit dem Airbrush

Propagandamalerei

Präsentiert wird das fertige Modell des 56-er Chryslers mit kubanischer Propagandatafel auf einem Kleindiorama, das auf der Grundplatte des ursprünglichen Modells aufbaut (Bild 4-16). Die Bearbeitung von Rädern und Felgen war bereits am Ende von Kapitel 1 auf Seite 17 erläutert worden, für die Darstellung von angegriffenen Chromteilen (hier: Zierleisten, Fensterrahmen) gibt es bei den Modellbaufarben unterschiedliche Produkte im Angebot. Die vorbildgetreue Propagandamalerei, also die gesamte grafische Arbeit, lässt sich dabei ebenfalls mithilfe des Airbrushs ausführen. Auf einem mit Acrylfarbe grundierten Holzbrettchen kann diese grafische Arbeit von allen, die an diesem Motiv üben wollen (z. B. für Fassadenmalereien – siehe Bild 3-33 – auf einem Diorama oder auf einer Eisenbahnanlage), gut ausprobiert werden.

Mit einer Fotokopie wird das Bild 4-17 auf die gewünschte Größe gebracht und als Umrisszeichnung dann

Bild 4-16: Eine kubanische Impression als kleines Diorama

Bild 4-17: Propagandamalerei kubanischen Ursprungs

Bild 4-18: Umrisszeichnung nach dem weltberühmten Foto von Korda

Farbe für Farbe mit Blei- oder Folienstift auf einen Maskierfilm (vgl. Bild 2-18) durchgezeichnet. Bild 4-18 zeigt die Vorzeichnung für die Farbe Schwarz – Che Guevara nach dem weltberühmten Foto von Alberto „Korda" Gutiérrez aus dem Jahr 1960. Für die verwendeten Farben Rot, Gelborange, Blau und Siena wird entsprechend verfahren, die Maskierfilmstücke werden dann nacheinander auf das grundierte Holzbrettchen aufgezogen, dort vorsichtig geschnitten und überspritzt.

Der Unterschied zwischen einer Lackierung und einer Grafik

Der entscheidende Unterschied zwischen einer grafischen Arbeit auf einem zumeist hellen Spritzgrund und einer Spritzlackierung liegt in der beim Spritzen aufgetragenen Farbmenge, die sich beim Arbeiten mit dem Airbrush sehr gering halten lässt. Der Farbauftrag kann entsprechend fein sein. Mit der größeren Farbmenge will man beim Lackieren eine deckende Farbfläche und einen geschlossenen Farbfilm erreichen, während bei einer Airbrush-Arbeit lediglich ein Farbeindruck hervorgerufen werden soll.

Ein solcher Farbeindruck entsteht je nach Untergrund und Farbton bereits mit sehr wenig Farbe, wenn die verwendete Farbe hinreichend farbstark ist. Es genügt dann eine Art rasterförmiger, nicht geschlossener Farbauftrag.

Das Hintergrundwissen zum Sprühstrahl

Innerhalb des Sprühstrahls, der vom Spritzapparat ausgeht, wird die zerstäubende Farbe in Form kleiner Tröpfchen mitgerissen. Diese Tröpfchen bilden, wenn sie auf den Spritzgrund treffen, einen unregelmäßigen Raster. Er ist, wenn sorgfältig gespritzt wurde, mit dem bloßen Auge nicht zu erkennen. Veranschaulichen lässt sich ein solcher Raster leicht mithilfe eines Zeitungsfotos: Alle dort wiedergegebenen Tonwerte werden, wie der Blick durch ein Vergrößerungsglas zeigt, mittels Rasterpunkten aufgebaut, die mit zunehmender Intensität des Farbtons an Größe gewinnen, dichter zusammenrücken und schließlich eine netzartige Struktur bilden.

Wie sich die abgeplatzten Farbstellen schließlich erzeugen lassen, erläutert ein Beispiel ganz anderer Art: der Bulldozer ab Seite 144. (Dieser Verweis belegt zugleich wieder sehr schön, wie themenübergreifend die einzelnen Arbeitstechniken sind ...).

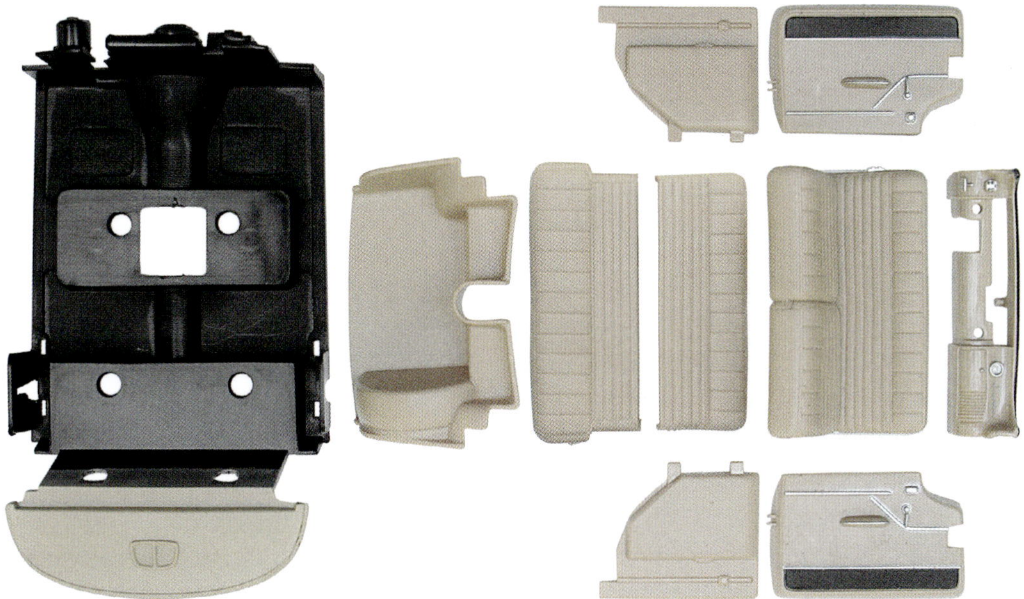

Bild 4-19: Die unbearbeiteten Bauteile der Innenausstattung

Die Feinarbeiten

Bleibt die Innenausstattung des Chryslers (Bild 4-19), die noch nicht angesprochen wurde. Die dazugehörigen Bauteile werden so weit als möglich einzeln gespritzt. Ihre charakteristischen Oberflächenstrukturen (Bild 4-20) werden danach mithilfe verschiedener *Washings*, einer Technik, auf die später ausführlich eingegangen wird, herausgearbeitet (u. a. ab Seite 116, siehe auch Bild 5-47). Den jeweiligen Glanzgrad bringen auch hier wieder Klarlacke von matt über seidenmatt bis glänzend.

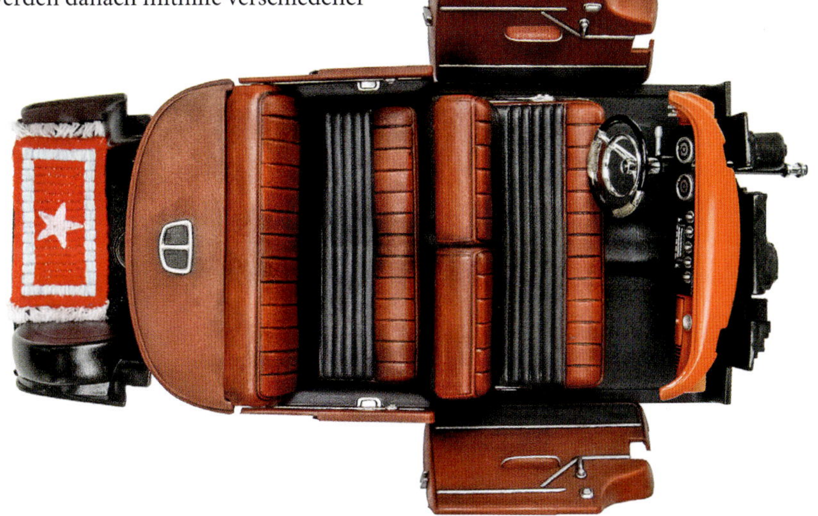

Bild 4-20: Der fertiggestellte Innenraum vor dem Einbau

Bild 4-21: Das Modell der *Queen Mary 2* in verschiedenen Bearbeitungsstadien: vom rohen Metallgussteil, das erste Zurüstteile erhält, über das weiß grundierte Modell bis hin zum fertigen Schiff.

Das Einbetten feiner Nassschiebebilder/Decals

Klarlacke sind auch zum Einbetten feiner Nassschiebebilder/Decals, die sich nach dem Trocknen zudem durch ihren abweichenden Glanz verraten, sehr wichtig. Auch Beschriftungen mit Schriftzeichen zum Anreiben und sehr feine Farbaufträge sind zu schützen. Selbst Zurüstteile, die gerade bei kleinen und sehr kleinen Modellen durch unterschiedlichen Glanz oder „Plastikglanz“ den Gesamteindruck eines Modells stören oder sogar ruinieren können, lassen sich auf diese Weise gut integrieren.

Zu den kleinsten Metallmodellen gehören sicherlich die Schiffe im Maßstab 1:1250. Sie sind ausgezeichnete Übungsobjekte für feinste Arbeiten,

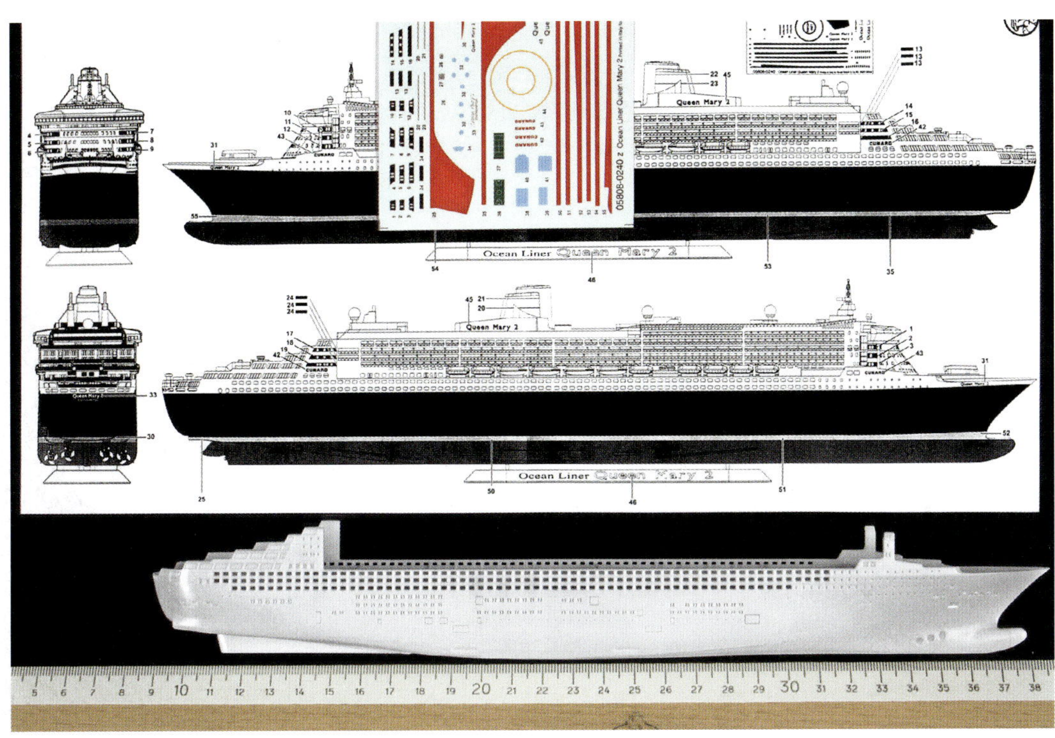

Bild 4-22: Vollrumpfschiff aus Plastik im Maßstab 1:1200 mit den Farbvorgaben des Bauplans und den Nassschiebebildern, sog. Decals. Das Lineal dient zum Einschätzen der Größenverhältnisse. Bei Airbrush-Farben kann eine misslungene Lackierung mit Alkohol, Brennspiritus oder speziellen Reinigern problemlos wieder abgewaschen werden.

egal, ob sie nun vollständig neu lackiert werden sollen oder ob es darum geht, eine vorhandene Lackierung auszubessern, ggf. sogar zu verbessern: Selbst kleinste Unzulänglichkeiten, die in einem größeren Maßstab nicht ins Auge fallen, erhalten hier durch den Maßstab „Größe“ und zwingen so zu einem sehr präzisen Arbeiten.

Die Entscheidung für einen radikalen Neubeginn

Aus arg in Mitleidenschaft gezogenen oder wenig gelungenen Secondhand-Modellen ein sehenswertes Modell entstehen zu lassen, ist sicherlich eine spannende Herausforderung.

Auf Bild 4-21 ist das Modell der *Queen Mary 2* in verschiedenen Bearbeitungsstadien zu sehen. Wenn das Endergebnis nicht gefällt, werden die Zurüstteile – soweit schon montiert – vorsichtig wieder abgenommen, dann wird die Lackierung mit Verdünner abgewaschen oder mit Abbeizer für einen Neubeginn entfernt.

Sobald mit Airbrush-Farben, die ja mit Alkohol, Brennspiritus oder in den Farbsortimenten angebotenen Reinigern abgewaschen werden können, gearbeitet wird, geht das Üben genauso problemlos auf einem Vollrumpfschiff aus Plastik im Maßstab 1:1200. (Vorversuche zum Reinigen durchführen!)

Bild 4-22 zeigt ein solches Modell mit den Farbvorgaben des Bauplans und den Nassschiebebildern/Decals. Darunter liegt ein Lineal zum Einschätzen der Größenverhältnisse für alle, die mit diesem Maßstab nicht so

Bild 4-23: Metallgehäuse einer Lock nach dem Abbeizen der Originalfarbe

Bild 4-24: Das Gehäuse mit einer mittelgrauen Grundierung als Haftgrund für die schwarze Lackierung

vertraut sind. Um ein Durchscheinen von Licht zu verhindern, können Bauteile von Plastikmodellen in sinnvoller Weise auch rückseitig mit einem Farbauftrag vorbehandelt werden.

Einer alten Lok ein neues Gesicht geben

Für Modellbauer, die ein ramponiertes Lok-Modell mit einem Metallgehäuse herumliegen haben, gibt es hier einen

Bild 4-25: Wie neu: eine saubere schwarze Lackierung

weiteren Vorschlag, der ggf. auch die Nutzung eines Air Erasers und die Verwendung von Füller (*Filler*) mit einschließt.

Nach dem Abnehmen des Lok-Gehäuses vom Antriebsteil wird der beschädigte Originallack mit Abbeizer entfernt, ggf. die Lackreste in Ecken und Winkeln mit einem Air Eraser. Er darf aber nur eingesetzt werden, wenn sich keine angelösten, halb flüssigen Reste von Farbe und Abbeizer mehr auf dem Modell befinden. Die Oberfläche des Lok-Gehäuses muss deshalb

Bild 4-26: Die fertig lackierte und beschriftete Lok. Der Antriebsteil ist noch nicht überholt. Die erhaben gegossene Beschriftung ist mit einem feinen Pinsel der Größe „000" nachgemalt.

Deutsche Reichsbahn
80 030
Deutsche Reichsbahn
80 030
80 030
80 030
80 030

absolut trocken sein, damit das pulverförmige Strahlmaterial keine Klumpen bildet und ein vernünftiges „Sandstrahlen“ unmöglich macht.

Vor dem Ablösen des Originallacks vom Lok-Gehäuse ist zum Vergleich von einer unbeschädigten Lackstelle noch ein gespritztes Farbmuster anzulegen, um später sicherzustellen, dass die neue Lackierung der ursprünglichen entspricht. (Für eine fachgerechte Restaurierung mit Originallacken und zu deren Verarbeitung ggf. beim Hersteller der Modellbahn rückfragen.)

Je nach Zustand des gesäuberten Gehäusekörpers wird an schadhaften Stellen mit einem gut haftenden, spritzfähigen Füller ausgebessert. Nach dem Schleifen dieser Partien wird als Haftgrund für die schwarze Lackierung eine hell- bis mittelgraue Grundierung aufgetragen.

Der Fotografieranstrich

Eine Besonderheit aus der Ära der Dampflokomotiven ist der sog. Fotografieranstrich. Um die an sich ja schwarzen Dampfloks vernünftig, also mit ausreichend Zeichnung und Kontrast, fotografieren zu können, erhielten einzelne Exemplare für Fotoaufnahmen einen hell- bis mittelgrauen Anstrich mit schwarzen Begrenzungslinien. Nur so waren zu Zeiten der Schwarz-Weiß-Fotografie und des vorherrschend einfarbigen Rasterdrucks die benötigten Werbemittel und Dokumentationen für die Herstellerwerke der Lokomotiven zu realisieren.

Um eine alte Lok in ein besonderes Präsentationsmodell zu verwandeln, kann dies auf der Basis der grauen Grundierung geschehen. Im Bild 4-27 liegt ein Lok-Modell unserer Baureihe mit Fotografieranstrich neben heutigen Aufnahmen, die diesen Fotografieranstrich von allen Seiten zeigen. Mit dem Umsetzen dieses Vorbildes lässt sich besonders das feine Maskieren von Zierlinien und Details üben und damit der Umgang mit Maskierbändern und Flüssigmaske/Rubbelkrepp. Weiteres zum Thema Lok-Lackierungen findet sich im Kapitel 5.

Bild li. 4-27: Das Modell und Fotos vom Vorbild: Die Lok im Fotografieranstrich mit schwarzen Begrenzungslinien zum Hervorheben von Zeichnung und Kontrast.

Bild 4-28: Grundierungen gibt es nicht nur in Grau, sondern auch in weiteren Farben bzw. in Klar für unterschiedliche Untergründe und Einsatzzwecke.

KAPITEL 5

Arbeitstechniken und Spezialfarben bei Funktionsmodellen

Funktionsmodelle verlangen individuelle Behandlung. Ein weites Feld, wenn es um die Details geht. Hier gibt es bereits jede Menge Antworten, z. B. zu kraftstoff- und hitzebeständigen, zu wetter- und wasserfesten Lackierungen. Wie spritze ich auf textilem Material? Wie kann ich mich dem Vorbild nähern? Dann muss auch die Beschriftung stimmen, der Rost muss echt sein, und die Nieten müssen deutlich hervortreten.

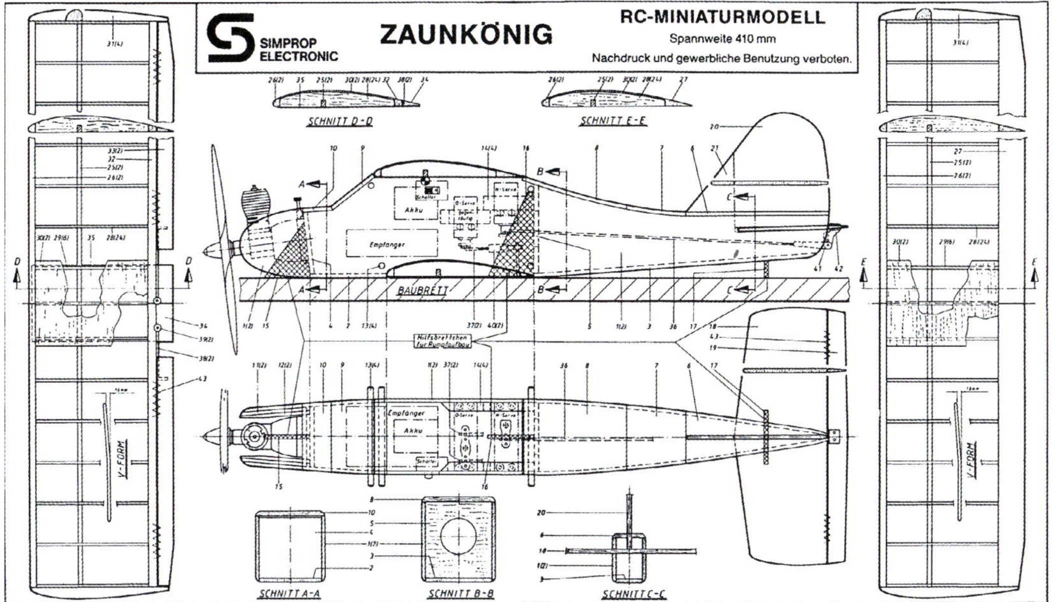

Bild 5-1: Der Original-Bauplan des Doppeldecker-Modells *Zaunkönig* (verkleinert abgebildet)

Die nun folgenden Abschnitte führen in spezielle Aufgabenstellungen ein. Dazu zählen Arbeiten, die nur mit ganz bestimmten (Spezial-)Farben auszuführen sind oder auch eine besondere Spritzweise zum Erzielen eines ganz bestimmten Effekts verlangen.

Die Lackierungen der folgenden Modelle haben eines gemeinsam: Sie sind alle recht widerstandsfähig. Sie erfüllen damit eine Grundvoraussetzung für einen Fahrbetrieb, auch im Freien bzw. bei den Booten im Wasser. Die hier behandelten Modelle stehen jedoch auch stellvertretend für Beispiele, die häufig für andere Modellarten genauso gut nutzbar sind. Das lässt sich anhand von drei Themen schnell nochmals verdeutlichen.

Das erste Beispiel behandelt Mischtechniken am Beispiel eines Güterwaggons. Dieses Beispiel könnte sich genauso gut im Kapitel 6 finden.

Die Möglichkeit, durch eine bestimmte Spritzweise eine Oberflächenstruktur darzustellen, wird für das Dach des Güterwagens auf Seite 121 gezielt genutzt. Diese Technik kann gut auf der Bodenplatte des Kuba-Dioramas zum Einsatz kommen.

Im dritten Beispiel, denn es muss sich nicht – wie im Folgenden – um einen flugfähigen Doppeldecker drehen, wird für die Planung einer Lackierung zuerst ein Entwurfsbogen hergestellt, wie wir ihn bereits im Kapitel 2 benutzt haben.

Das Anfertigen eines Entwurfsbogens am Beispiel Doppeldecker

Der Bauplan ist die Grundlage für die Verwandlung in zwei Varianten von Entwurfsbogen für den Doppeldecker, die sich in wenigen Schritten vollzie-

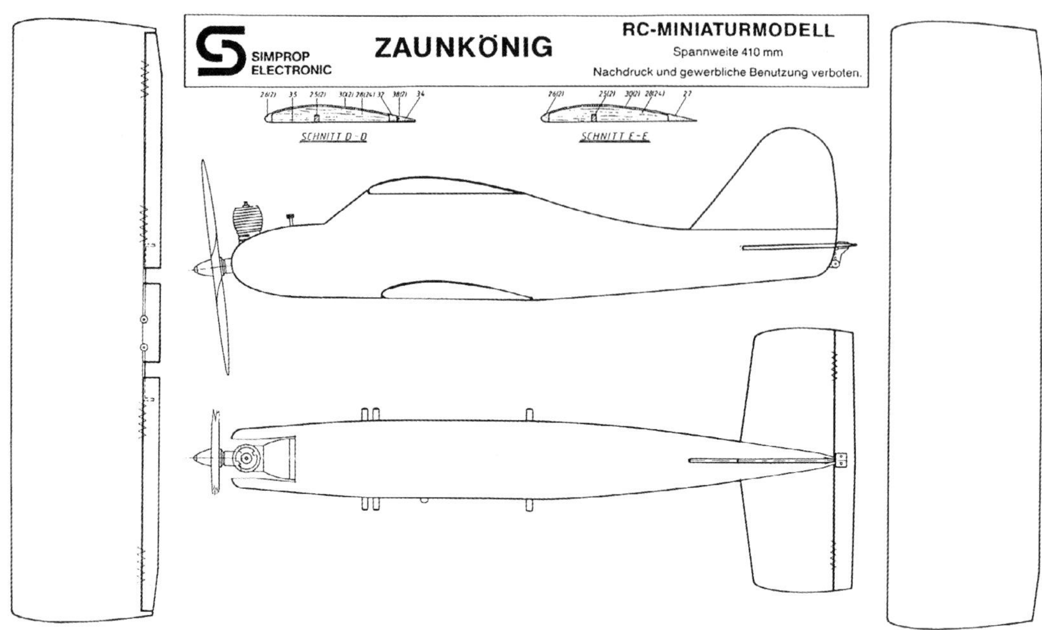

Bild 5-2: Der Entwurfsbogen, unmittelbar aus dem Bauplan entstanden, in dem alles Überflüssige durch Deckweiß entfernt wurde.

hen lässt. Das Entstehen solcher Entwurfsbogen lässt sich am besten anhand der klassischen Vorgehensweise mit Papierkopien erläutern. Die Wahl, ob und ab welchem Punkt dann lieber digital vorgegangen wird, ist Ermessenssache.

Variante 1: Der Entwurfsbogen nur mit Einzelelementen

Schritt 1: Fertigen Sie dazu Fotokopien an, und zwar je nach Größe des Originalplans als Ausschnitte in verkleinertem Maßstab. Die Einzelkopien werden aneinandergeklebt und ggf. erneut über den Fotokopierer verkleinert. Dieser Vorgang wiederholt sich, bis aus den Fotokopien ein verkleinerter Bauplan im Format DIN A3 entstanden ist.

Schritt 2: Da nur die Umrisse benötigt werden, decken Sie alle überflüssigen Linien unter weißer Deckfarbe o. Ä. ab. Dann wird eine neue Kopie im Format DIN A3 gemacht.

Variante 2: Der Entwurf in zwei Teilbogen mit bereits angesetzten Tragflächen

Schritt 1: Entspricht Variante 1 Schritt 1.

Schritt 2: Die Vorlage in DIN A3 kommt auf eine durchscheinende Unterlage, auf einen Leuchttisch oder einfach an die Fensterscheibe, wo sie mit Tesafilm/Klebeband fixiert wird. Anschließend werden die Umrisslinien des Rumpfs und der beiden Tragflächen dort auf ein darübergelegtes, neues Blatt Papier durchgepaust.

Schritt 3: Beginnen Sie mit dem Durchpausen der oberen Tragfläche für den Teilbogen 1.

Schritt 4: Für den Teilbogen 1 wird der

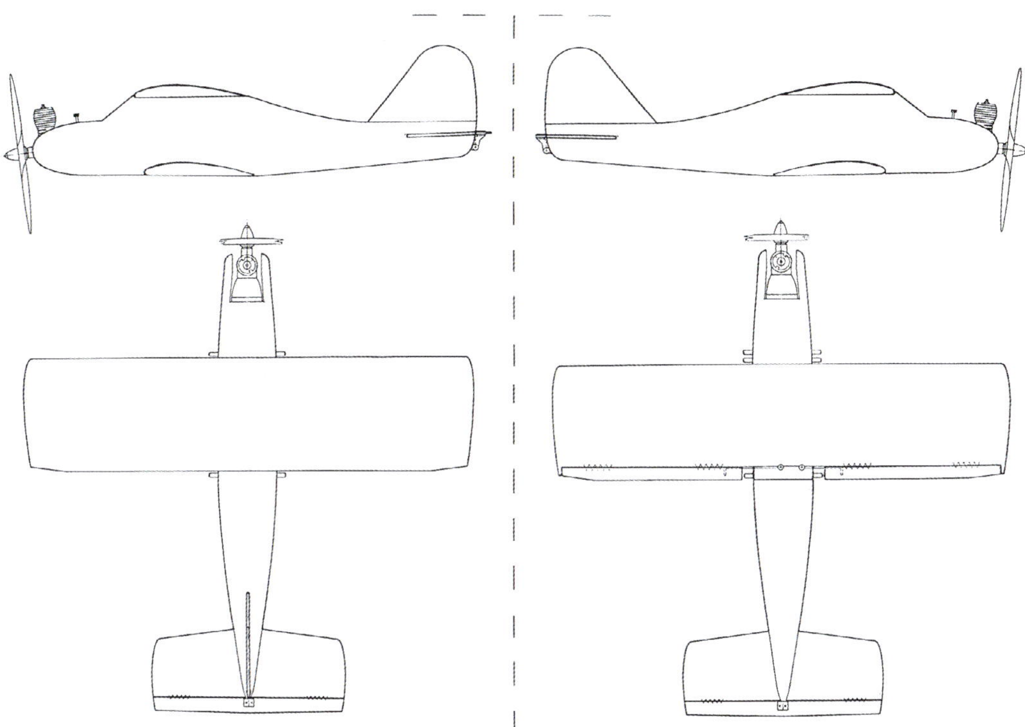

Bild 5-3: Zwei durchgezeichnete (durchgepauste) Entwurfsbogen, die das Modell in Auf- und Untersicht sowie den Rumpf von beiden Seiten zeigen. Die Tragflächen aus Bild 5-2 sind bereits auf dem Rumpf eingepasst.

Bogen mit der fertig gezeichneten oberen Tragfläche anschließend über die Rumpfaufsicht (erkennbar am Leitwerk hinten) geschoben und maßgenau eingefügt. Jetzt wird der sichtbare Teil der Rumpfaufsicht (der mit dem Seitenleitwerk) dazugepaust.

Schritt 5: Für den Teilbogen 2 ist die untere Tragfläche an der Reihe, natürlich ohne Durchzeichnen des Seitenleitwerks. Das Vorgehen ist wie in Schritt 4 beschrieben.

Schritt 6: Für die Rumpfansichten, nicht nur von links, sondern auch von rechts, werden die Fotokopien einfach umgedreht und von der „falschen" Seite durchgepaust. Eine zweite Rumpfansicht ist dann erforderlich, wenn bestimmte Motiventwürfe auf der Gegenseite seitenverkehrt geplant sind wie hier der Schriftzug.

WARNUNG!
Niemals auf die Originale der Entwurfsbogen spritzen! Für die eigentlichen Entwürfe zum Spritzen nur Fotokopien des Entwurfsbogen-Originals nehmen. Lässt sich eine Idee nicht wie geplant umsetzen, dann kann auf einer Kopie mit einem neuen Versuch gestartet werden.

Farbe auf der Bespannung von Flugmodellen

Zu den Besonderheiten des Flugzeugmodellbaus gehören Bespannmaterialien. Das sind entweder Bespannpapie-

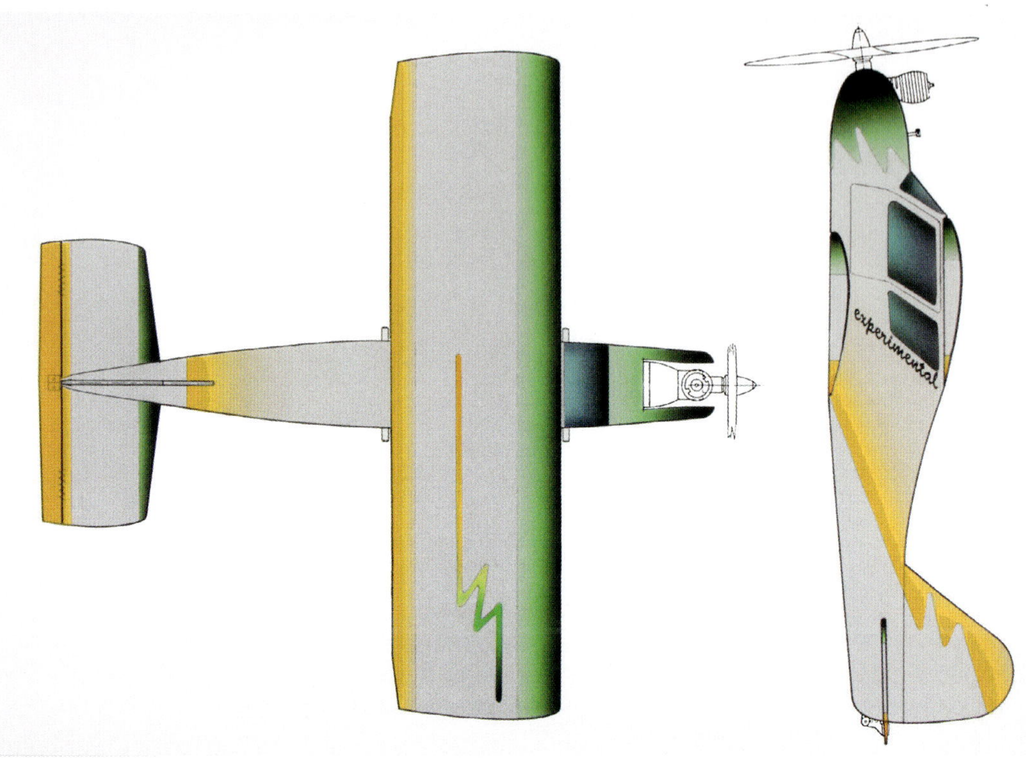

Bild 5-4: Der Entwurf für die Lackierung. Seitenansicht und Blick von oben. Vor der Tragfläche ist das Blau des Cockpitfensters zu sehen.

re oder Bespannfolien, auch Bügelfolien genannt (hauptsächlich Polyesterfolien), die durch Erhitzen mithilfe eines Bügeleisens und evtl. eines Föhns aufgezogen werden.

Die Bespannfolien

Bespannfolien sind in vielen Farben erhältlich, wasserabweisend und kraftstoffbeständig. Mehrfarbige Designs entstehen durch das kombinierte Aufkleben von Dekorfolien und einfarbigen Flächenteilen. Farben, und damit der Airbrush, werden bei Bespannfolien nur benötigt, wenn Motive mit Farbverläufen und Halbtönen das Modell zieren sollen oder die Farbe der Bespannung grundlegend geändert wird.

Dann wird die Bügelfolie vor dem Spritzen mit sehr feinem Schmirgelpapier äußerst vorsichtig aufgeraut und wie die beiden Tragflächen in Bild 5-7 ggf. erst einmal einfarbig „grundiert“. Versuche, welche Farbsorten sich dafür gut eignen, d. h. gut haften und in sehr dünnen Schichten gut decken, lassen sich auf folienbespannten Teststücken machen.

Spannlack auf Bespannpapier verarbeiten

Bei Bespannpapieren wird anders vorgegangen. Diese werden mit wassergelöstem Cellulose-Klebstoff aufgezogen und sind erst einmal hell durchscheinend (siehe den Rumpf im Bild 5-6). Mithilfe von Spannlacken, die es klar

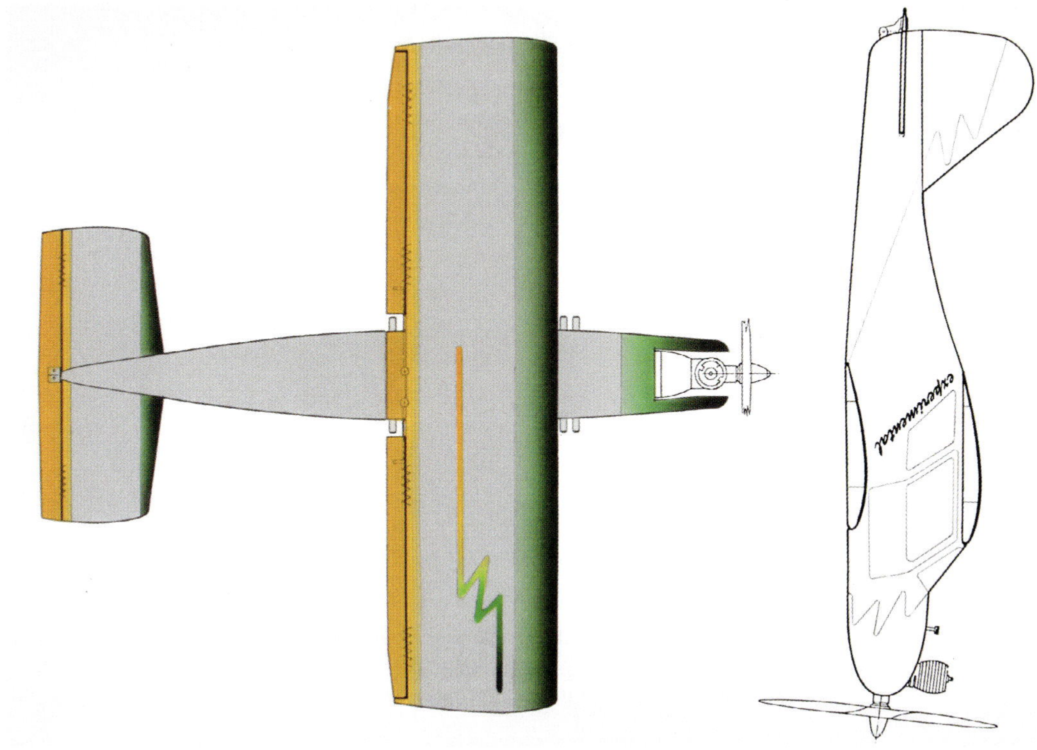

Bild 5-5: Der Entwurf für die Lackierung. Blick auf die Unterseite

und in unterschiedlichen Farbtönen gibt, erhält die bespannte Oberfläche nach dem Aufziehen ihre Festigkeit und ihren Oberflächenglanz.

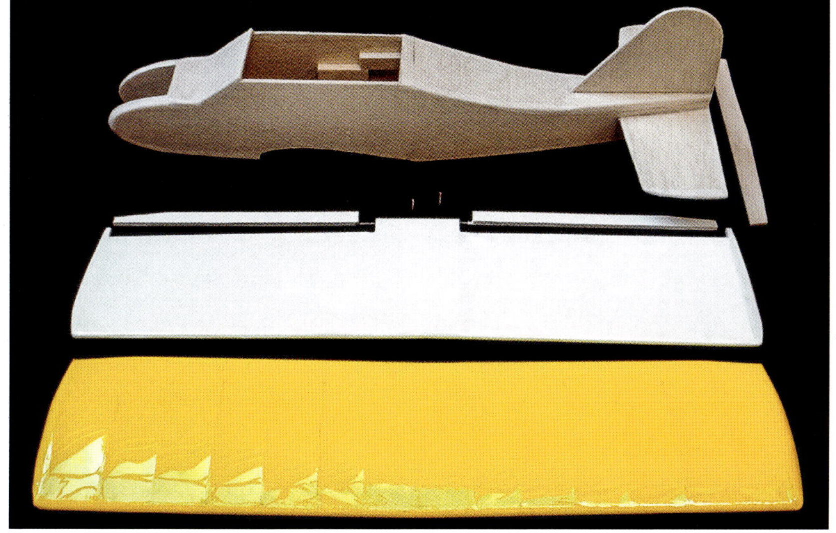

Bild 5-6: Die unlackierten Bauteile des Modells. Mit geeigneten Farben lassen sich sowohl bunte als auch weiße Bespannfolien und Bespannpapiere (auf dem Rumpf) gestalten.

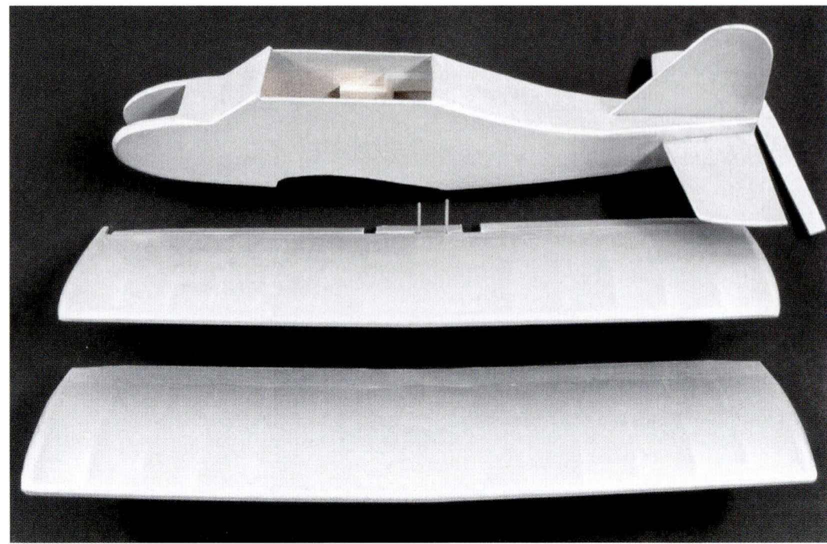

Bild 5-7: Das einheitlich silbern grundierte Modell vor der Gestaltung mit dem Airbrush.

Der hier verwendete Spannlack und der dazugehörige Verdünner sind gemäß „Verordnung brennbarer Flüssigkeit“ „VbF: A 1“ gekennzeichnet. Eine solche Kennzeichnung bedeutet, dass diese Produkte sehr leicht entflammbar (Flammpunkt unter 21° C) und schon deshalb nur mit allergrößter Vorsicht zu spritzen sind. Soweit eine Gefährdung von Mensch und Umfeld nicht völlig auszuschließen ist (auch bei kleinen Spannweiten möglich), sollte der Spannlack aus Sicherheitsgründen mit einem weichen Pinsel in mehreren, sehr dünnen Schichten aufgetragen werden.

Bild 5-8: Die Airbrush-Arbeit auf den Bauteilen ist abgeschlossen.

Bild 5-9: Der Doppeldecker ist für erste Tests zusammengebaut.

Nach dem Durchtrocknen wird die Oberfläche dann wie bei der Bespannfolie mit feinstem Schleifpapier angeschliffen; eventuelle Pinselspuren verschwinden dabei. Der Spannlack ist hier also eine Art farbige Grundierung, über die zur weiteren farblichen Gestaltung mit weniger problematischen Farben gespritzt werden kann.

Auf papierbespannten Teststücken wird die Grundierung des Spannlacks ausprobiert. Sind die Ergebnisse zufrieden stellend, kann das weitere Überspritzen beginnen.

Die weitere Umsetzung des auf Bild 5-4 und 5-5 gezeigten Entwurfs erfolgte auf dem Modell wie auf dem Entwurfsbogen als Airbrush-Arbeit (siehe Bild 5-8). Alles, was dabei wichtig ist, kam bereits in den vorangegangenen Kapiteln zur Sprache, beim „Versiegeln mit Klarlack“ ab Seite 64. Nachzutragen ist nur noch, dass der Klarlacküberzug natürlich auch spritfest sein muss.

Kraftstoffbeständige Lackierungen

Spannlack ist wie die Bespannfolie kraftstoffresistent. Das ist für alle Modelle wichtig, die mit Verbrennungsmotoren angetrieben werden. Eine schon durch Kraftstoffe bzw. Kraftstoffdämpfe stellenweise angelöste, nicht kraftstoffbeständige Lackierung muss trocken sein und ist sehr sorgfältig zu reinigen sowie abzuschleifen, bevor neu lackiert werden kann.

Wenn nicht eindeutig ist, ob Farben kraftstoffbeständig sind, müssen die bereits vorhandenen Probestücke nochmals für Tests herhalten. Dazu werden mehrere Tropfen Kraftstoff aufgebracht, von denen einige möglichst lange auf der zu prüfenden Farbe bleiben müssen. Sie geben nach dem Abwischen Aufschluss darüber, ob die zum Spritzen verwendeten Farben anschließend noch mit einem kraftstoffresistenten Klarlack geschützt werden müssen.

Die Effektlackierung

Effektlackierungen sind für manche Modelle das Tüpfelchen auf dem i. So können sich durch den Klarlack auf den Cockpitfenstern des Doppeldeckers Reflexionen zeigen, die je nach Lichteinfall die Wirkung der dort verwendeten Effektfarben verstärken. Mit diesen Effektfarben, die sich wie herkömmliche Airbrush-Farben verarbeiten lassen und mit diesen auch unmittelbar mischbar sind, entstehen einerseits interessante Farbspiele und andererseits ausgefallene Metallic-Töne.

Effekte durch Perlglanz-Farben

Zu den von Metallic-Lackierungen her bereits bekannten Effekten kommt ein weiterer, der sich durch sog. Perlglanz-Pigmente erzeugen lässt: Die Eigenfarbe von Spritzbildern scheint sich mit dem Winkel des Lichteinfalls zu verändern. Die Art dieser Veränderung und die jeweilige Farbstärke hängen zum einen von der Farbe des Untergrunds ab, zum anderen davon, welchen Grundton die betreffende Perlglanz-Farbe hat und ob sie eher lasierend oder eher deckend aufgebracht wurde.

Auf weißem Untergrund erscheinen Perlglanz-Farben, die auch als „Perl-Metallic" – bzw. „Iriodin®" – bezeichnet werden, je nach Lichteinfall entweder als Altweiß oder in ihrem eigenen Farbton. Ist der Untergrund farbig, so kann sich der mögliche Farbeindruck, abhängig vom Spritzbild und dem Lichteinfall, vom Ton des Untergrunds bis hin zum jeweiligen Perlglanz-Ton, z. B. Gelb, Rot, Blau, Lila usw., fließend ändern. Der Freiraum für kreative Farbspiele ist wirklich groß, weil sich Perlglanz-Farben untereinander und darüber hinaus auch mit „normalen" Airbrush-Farben mischen lassen. Diese Mischfarben können in immer neuen Varianten übereinandergelegt werden. Farbentwürfe auf einem Probestück helfen, eine Lackierung vorzubereiten.

Bild 5-10: Die Nahaufnahme der Metallic-Lackierung mit Klarlacküberzug bei schräg einfallendem Licht auf der Motorhaube

Effektlackierung auf einem Rennboot

Für die Effektlackierung wurde das Boot angeschliffen, sorgfältig gereinigt und weinrot lackiert (das Modell vor dem Lackieren Bild 3-21 auf Seite 53). Bevor die Arbeit weiterging, wurde die Lackierung mit 1200er Nassschleifpapier angeraut. Darauf wurde eine fein gesprenkelte Metallic-„Lasur" gelegt.

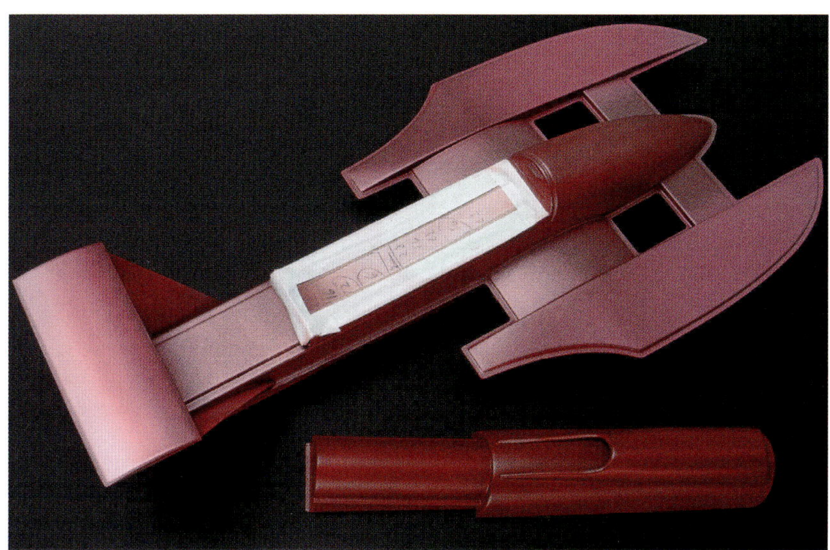

Bild 5-11: Perl-Metallic-Lila mehrfach frei gespritzt. Je nach Lichteinfall dominiert der Basiston ...

Erhält dieser rasterartige Farbauftrag später einen Klarlacküberzug, entsteht die Wirkung einer Metallic-Lackierung.

Über Teile der begonnenen Metallic-Lackierung wird anschließend frei, also ohne Maskierung, „Perl-Metallic“-Lila gespritzt. Einige Partien erhielten dabei durch häufiges Überspritzen einen etwas stärker deckenden Farbauftrag (Bilder 5-11 und 5-12).

Für die Darstellung des Cockpits wurde die Scheibe nach außen mit Abdeckband begrenzt, nur im Bereich der spitz zulaufenden Abschlüsse vorn und oben wurde Maskierfilm benutzt (gut

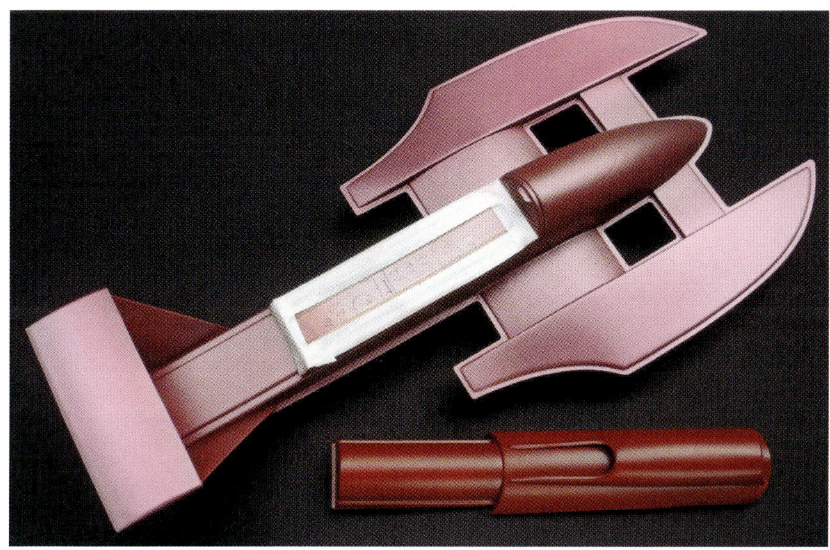

Bild 5-12: ... oder der Perl-Metallic-Ton den Farbeindruck.

Bild 5-13: Die Gestaltung mit dem Airbrush und den Aufklebern ist beendet

zu erkennen auf dem Bild 2-21 auf der Seite 36).

Beim ersten Spritzen enthielt die silberne Metallic-Farbe etwas Weiß zum schnellen Decken des brillanten silbernen Farbauftrags. Nach dem Entfernen des Maskierfilms wurde die gesamte vordere Verkleidung über die Scheibe hinweg überspritzt, und zwar größtenteils mit einem frei gesprenkel-

Bild 5-14: Das Bootsheck vor dem abschließenden Beschichten mit Klarlack

ten Metallic-Kupfer. Die Motorabdeckung bekam zudem ihren Metallic-Überzug; mit Airbrush-Farbe entstanden die schwarz lackierten Teile wie auch die graue Schattierung davor.

Motivaufkleber und Dekorbänder

Für eine gute Haftung von selbstklebenden Dekor-/Zierbändern und Motivaufklebern muss der Untergrund absolut plan und sauber sein. Es dürfen sich keinerlei noch so kleine Lufteinschlüsse bilden.

Die Technik des Aufklebens

Effektfarben wie hier entwickeln leicht eine etwas raue Oberfläche, was zu Bläschen und Haftungsproblemen führen kann. Allerfeinste Lufteinschlüsse durch eine körnige Oberfläche erzeugen bei teilweise transparenten Aufklebern darüber hinaus grau-weiße Schleier (sie „silbern"). Es ist deshalb besser, Aufkleber erst nach dem Überziehen mit Klarlack aufzubringen.

Die Aufkleber selbst werden noch mit einem weiteren Klarlackfilm in die Lackierung eingeschlossen. Nach dem Durchtrocknen des Klarlacks schleifen Sie die sich abzeichnenden Kanten der Aufkleber leicht ab und überziehen das Ganze zur Wiederherstellung des Oberflächenglanzes erneut mit Klarlack (dieser Vorgang muss eventuell mehrmals wiederholt werden).

Gewichtsprobleme durch Lackierungen

Irgendwann stellt sich bei Rennboot und Flugzeug die Frage nach der Gewichtszunahme durch Farbe und Aufkleber. Obwohl sorgfältig gespritzte Farbaufträge in der Regel dünner und damit leichter sind als ein Pinselauftrag, ist dabei zumindest zu überlegen, ob eine derart perfekte, vielschichtige Einarbeitung von Aufklebern nicht zu Lasten anderer Eigenschaften geht bzw. aus anderen Gründen (wie etwa dem Beschädigungsrisiko) überhaupt sinnvoll ist.

Bild 5-15: Das fertige Rennboot mit einer Schicht Klarlack über den Aufklebern

Zierstreifen mit Dekorband oder durch Spritzen

Wie die Überschrift aussagt, gibt es für die Herstellung von Zierstreifen zwei Möglichkeiten. Einfach geht es mit fest

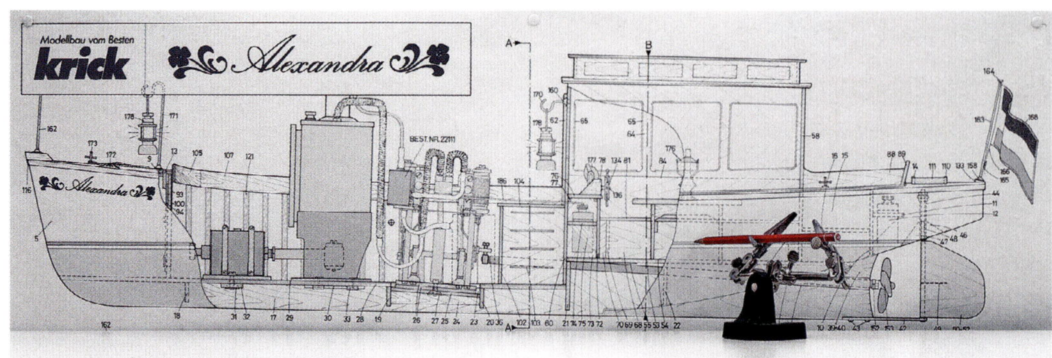

Bild 5-16: Mit dem Farbstift auf einer Spezialhalterung wird auf dem Bauplan der Barkasse die Zierlinie „eingemessen", d. h. der Stift zum Übertragen der Linie auf den Rumpf in die richtige Höhe gebracht.

haftenden Dekorbändern, die es erfreulicherweise in den unterschiedlichsten Breiten gibt, aber oft nur in einer begrenzten Farbauswahl. Aufgrund der unterschiedlichen Breiten werden Sie Dekorbänder finden, die maßstabsgerecht zu Ihrem Modell passen. Sollen diese Bänder mit der Farbe des Modells übereinstimmen, so bestimmt dann die Farbe des Bandes den Farbton, in dem gespritzt werden soll.

Ein Zierstreifen kann alternativ zum Aufkleben eines Dekorbandes auch gespritzt werden. Als Beispiel soll auf dem Rumpf der Barkasse (Bauplan in Bild 5-16) in einem kleinen Abstand vom Unterwasseranstrich ein etwa 3 mm breiter Zierstreifen gespritzt werden. Die obere Begrenzung dieses Streifens wird durch die großflächige Maskierung des oberen Rumpfes gebildet.

Der Zierstreifen und der Unterwasseranstrich können in einem Arbeitsgang zusammen gespritzt werden, wenn ein schmales Maskierband

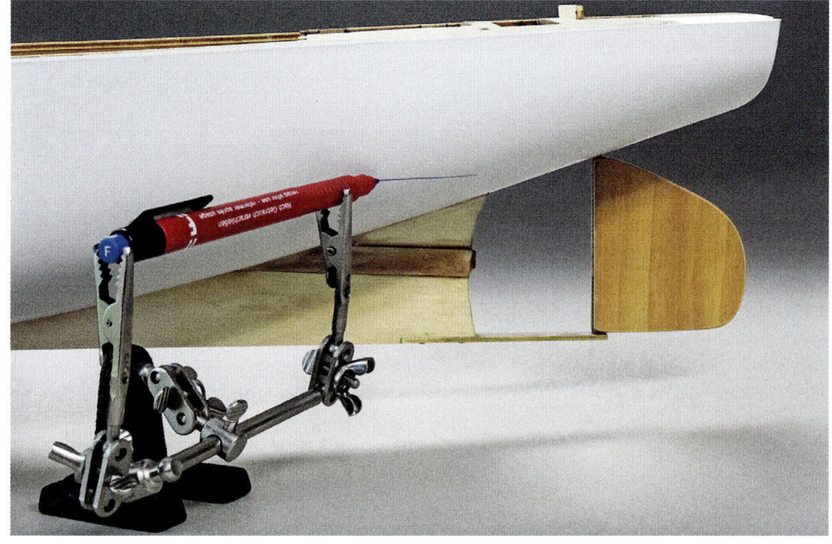

Bild 5-17: Auf dem sorgfältig waagerecht ausgerichteten Rumpf des Modells lässt sich die Begrenzung des Unterwasseranstrichs mit dieser Vorrichtung gut vorzeichnen.

Bild 5-18: Blick ins Barkasseninnere: Die Metall- und Holzteile an der Dampfmaschine und um sie herum müssen hitze-, öl- und kraftstoffbeständig lackiert werden.

(s. Bild 2-23) zwischen den zu spritzenden Unterwasseranstrich und dem Zierstreifen geklebt wird. Der geradlinige und exakt gleiche Abstand zwischen den beiden Bereichen ist dadurch gewährleistet.

Werden Unterwasserschiff und Zierstreifen aber in unterschiedlichen Farbtönen gespritzt, trennt auch hier wieder das Maskierband die beiden Farbbereiche exakt. Dann muss die vom Maskierband ausgehende jeweils angrenzende Farbfläche großflächig abgedeckt werden.

Hitzebeständige Farben

Diese im Bau befindliche Barkasse ist, wie der Bauplan verrät, ein *Lifesteam*-Modell, also eine Barkasse mit funktionierendem Dampfantrieb.

Dafür ist eine besondere Farbe gefragt, die das vorbildgetreue Lackieren der Dampfmaschine und ihrer Umgebung ermöglicht. Neben einer verlässlichen Öl- und Kraftstoffbeständigkeit – auch im Holzbereich – ist hier eine sehr gute Hitzebeständigkeit von Grundierung und Farbe äußerst wichtig.

Beachte: Gerade bei derartigen Spezialfarben sind die Sicherheitshinweise der Hersteller für die Verarbeitung unbedingt zu beachten.

Die Stoffmalfarben

Für die Segel einer Hochseeyacht sind gute Eigenschaften der Stoffmal-/Textilfarben gefragt, die abriebfest sowie wasser- und wetterbeständig sein sollen. Unter den Textilfarben gibt es Pro-

Bild 5-19: Das weiße Tuch der Segel soll eine optische Aufwertung als Hochleistungssegel erhalten.

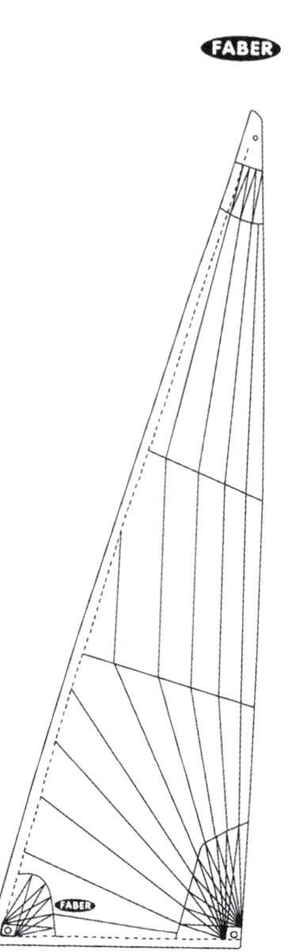

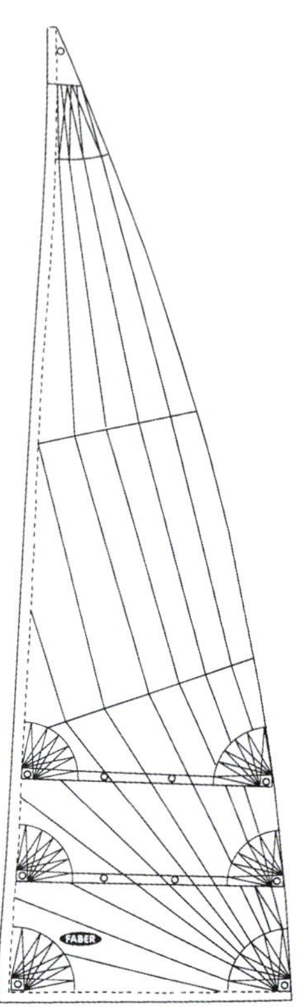

Schritt 1
Bild 5-20: In die Umrisszeichnung der ursprünglich weißen Segel werden die neuen Schnittmuster aus dem Prospekt übertragen.

dukte, die auch für die Verarbeitung mit dem Airbrush konzipiert sind. Auch sehr fein zu spritzende Airbrush-Farben sind geeignet. Spezielle Additive (Zusatzstoffe) verleihen ihnen die benötigten Hafteigenschaften.

Neues Design für ein Segel

Das weiße Segeltuch soll eine optische Aufwertung als Hochleistungssegel erhalten. Diese Segel bestehen aus Tuchbahnen, die bei einem höheren Tuchgewicht optisch dunkler erscheinen. Das Design der neuen Segel, dem Prospekt eines großen Segelmachers entnommen, wurde 1:1 zum Segel des Modells auf festes Papier gezeichnet. Diese Vorzeichnung ist einerseits Kopiervorlage für den farbigen Entwurf, kann aber auch als Kopiervorlage zur Herstellung von Papiermasken genommen werden, um die gestaffelte Farbfolge zu spritzen. Das erklärt die Schrittfolge.

Schritt 2
Bild 5-21: Die dreistufige Farbgebung wird als Entwurf für das Segeldesign auf die Vorlage gespritzt. Das ist eine gute Vorübung für das endgültige Spritzen auf dem Segeltuch.

Schritt 3
Bild 5-22: Die Nähte werden lt. Vorlage mit einem Stift beidseitig auf das Segeltuch des Modells gezeichnet. (Das Design muss auf beide Seiten des Tuchsegels übertragen werden, da das Segel von beiden Seiten einen Farbauftrag erhält. Dadurch wird ein ungleiches, sprich merkwürdiges Erscheinungsbild verhindert, weil Segeltuch beim Spritzen nicht durchfärbt.) Maskiert wird entweder mit Maskierband wie im Bild oder mit einer aus der Vorlage zu schneidenden Papiermaske, wie die Fotokopien in Schritt 4 bis 6 zeigen.

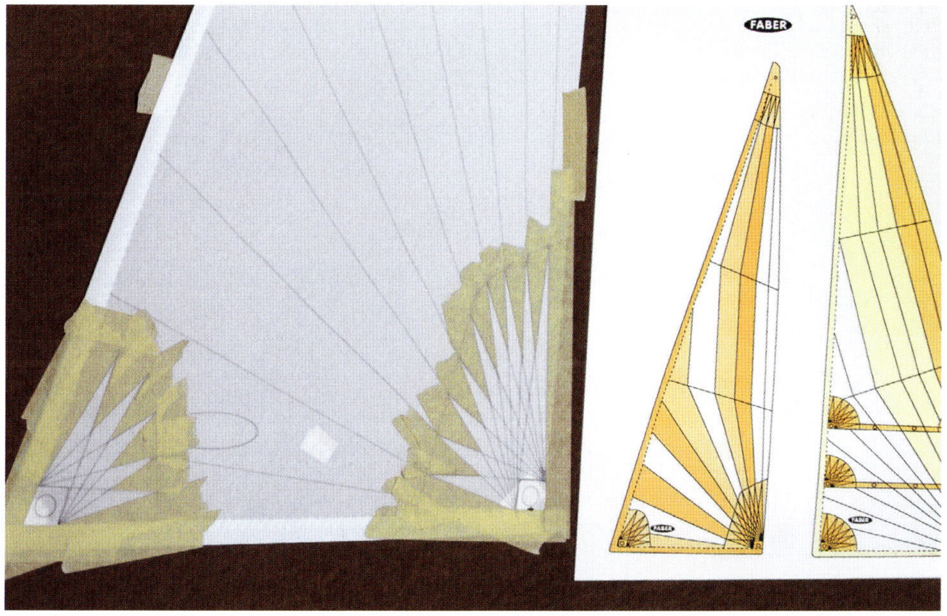

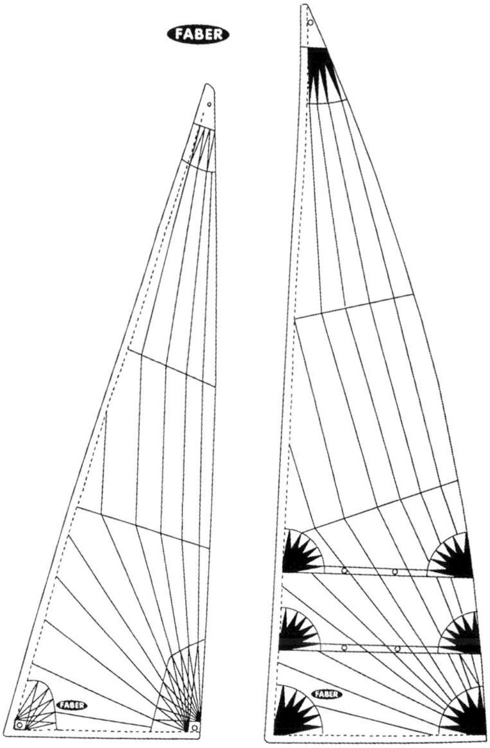

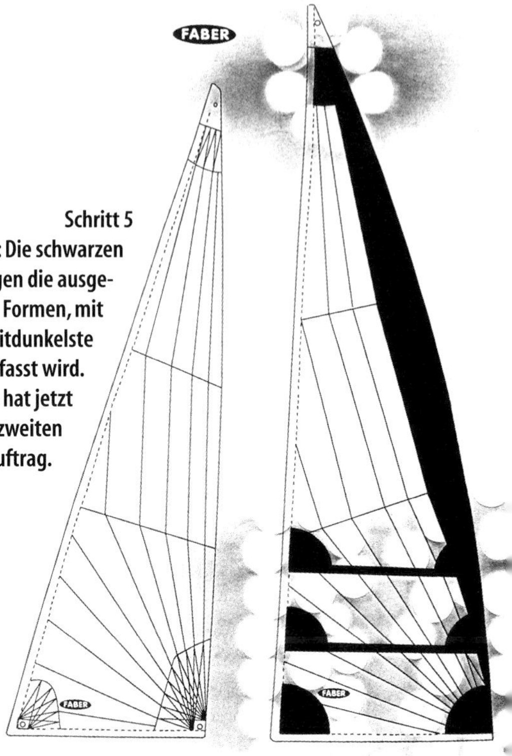

Schritt 5
Bild 5-24: Die schwarzen Felder zeigen die ausgeschnittenen Formen, mit der die zweitdunkelste Farbstufe erfasst wird. Die erste Stufe hat jetzt bereits den zweiten Farbauftrag.

Schritt 4
Bild 5-23: Die Fotokopie der ersten der drei Farbstufen für den dunkelsten Teil im Segeltuch. Das Schwarz in den Fotokopien zeigt die mit dem Skalpell ausgeschnittenen Formen in der Papiermaske.

Schritt 6
Bild 5-25: Die schwarzen Felder zeigen die ausgeschnittenen Formen, mit der die dritte Farbstufe erfasst wird. Die erste Stufe hat jetzt drei Farbaufträge, sie steht für das dunkle Beige. Nach der zweiten Stufe entstand das mittlere und bei der dritten das hellste Beige. Entlang der Schnittkanten zeichnen sich nach dem Überspritzen die Schatten der runden Metallgewichte ab, welche die Papiermaske bei allen Spritzgängen auf dem Segel festgehalten haben.

HINWEIS ZU DEN BILDERN IN SCHRITT 4 BIS 6

Beim Maskieren werden die dunkelsten Segeltuchbahnen zuerst gespritzt und vor den nachfolgenden Spritzgängen nicht wieder abgedeckt. Zur Veranschaulichung wurde die zugeschnittene Papiermaske nach jedem der drei Schritte fotokopiert. Die herausgeschnittenen Partien erscheinen schwarz, da zum Kopieren ein schwarzer Karton unterlegt wurde. Diese Form des schrittweisen Maskenentfernens ist eine sehr effektive Methode und lässt sich zum Beispiel zum Steigern der plastischen Wirkung von Bauteilen einsetzen, wenn Schattenpartien/zurückliegende Teile eines Modells dunkler erscheinen sollen.

Bild 5-26: Das Modell mit den neuen Segeln auf dem Wasser

Bild 5-27: Eine Karosserie aus dem durchsichtigen Polykarbonat Lexan®, die auf der Innenseite lackiert wurde und von außen auch nach schonungslosem Einsatz perfekt aussieht.

Farbe auf Lexan®-Karosserien

Beliebt sind Aufkleber und Dekorstreifen natürlich auch bei RC-Automodellen. Besteht die Karosserie aus einem Werkstoff wie ABS (*Acrylnitril-Butadien-Styrol-Copolymerisat*) oder Styrene/Polystyrol, wird wie beim Rennboot, Seite 97, gearbeitet. Ein sehr großer Teil der angebotenen Karosserien besteht jedoch aus durchsichtigem Polykarbonat. Diese Werkstoffe sind bei Modellbauern besser unter den Markennamen Lexan® oder Makrolon® bekannt.

Lackieren in der Technik der Hinterglasmalerei

Solche Karosserien sind glasklar und können deshalb in einer Art Hinterglasmalerei lackiert werden. (Das hat den Vorteil, dass eine Lackierung von außen auch dann perfekt aussieht, wenn sie von innen ziemlich grob mit dem Pinsel aufgetragen wurde.)

Diese auf der Innenseite gespritzten Lackierungen sind natürlich sehr gut gegen Beschädigungen von außen geschützt. Bei der Planung besonderer Effekt- und Motivlackierungen muss man einkalkulieren, dass hier in der

Bild 5-28: Der Farbauftrag von unten im Gegenlicht betrachtet offenbart die dort unregelmäßigen Pinsel- und Laufspuren.

Bild 5-29: Die Beschriftung, Signets und Zierstreifen werden auch bei Lexan®-Karosserien häufig von außen angebracht.

Technik der Hinterglasmalerei vorzugehen ist. Dabei ist die Reihenfolge der Farbaufträge umgekehrt. Das erfordert ein Umdenken. Ohne Erfahrung in dieser Maltechnik ist es empfehlenswert, zuerst auf einer billigen Plexiglasscheibe o. Ä. zu üben. Vor dem Spritzen wird die Lexan®-Karosserie mit feinstem Nassschleifpapier geschliffen, die integrierten Fensterscheiben werden sauber abgeklebt.

Aufkleber innen oder außen anbringen?

Von der Verwendung auf (Auto-)Scheiben sind die auf ihrer Motivseite selbsthaftenden Aufkleber bekannt. Auf durchsichtigen Lexan®-Karosserien von innen angebracht, sind sie vor Beschädigungen von außen exzellent geschützt. Sie müssen aber vor dem eigentlichen Lackieren aufgeklebt werden und es muss sichergestellt sein, dass sie durch die nachfolgende Lackierung (Stichwort: „Hinterglasmalerei") nicht angelöst werden. Bei den Dekorbögen für die Karosserie-Außenseite ist zu überlegen, ob die Aufkleber mit einer Klarlackschicht eingebettet und so wenigstens etwas „kratzfester" werden sollten.

Dem Vorbild annähern

Aufkleber, Schiebebilder und Anreibe-Dekore sind sehr wichtige Elemente, wenn ein Modell so vorbildgetreu wie möglich gestaltet werden soll. Dabei geht es nicht allein um Werbeaufkleber, sondern um Namenszüge (z. B. auf Schiffen), offizielle Kennzeichnungen (z. B. auf Flugzeugen und Eisenbah-

Bild 5-30: Ein nicht mehr ganz vollständiges und beschädigtes Eisenbahn-Großserienmodell der Baugröße G (IIm). Aus einem solchen Secondhand-Modell lässt sich viel machen.

nen) und Kennzeichen (z. B. für Kraftfahrzeuge). Nummernschilder, Schriftzüge und Symbole kommen in der einen oder anderen Form auf allen in diesem Buch dargestellten Modellen vor.

Soll aus einer (Groß-)Serie heraus ein ganz bestimmtes Modell nachgebildet werden, so sind es in der Regel erst einmal Dinge wie Beschriftung und Lackierung, die Vorbild und Modell unverwechselbar machen. Eine möglichst genaue Kopie des Vorbilds kann also nur dann gelingen, wenn Beschriftung und Lackierung tatsächlich auf beiden übereinstimmen.

Die Farbe des Vorbilds herausfinden

Im Abschnitt *Die Lackierarbeit* (Seite 71) wurde das Nachstellen des Erscheinungsbilds von Autolacken bereits im Zusammenhang mit dem Mischbogen angesprochen (siehe Bild 4-9 und Bild 4-10). Wenn nicht in Erfahrung gebracht werden kann, welche Lacke mit welcher Farbtonbezeichnung oder Nummer die Lackierung des Vorbilds ergeben, ist das persönliche In-Augenschein-Nehmen des Originals mit einer guten Farbkarte zur Farbtonabstimmung sicherlich der beste Weg.

Farbige Bilder sind meist eine unverzichtbare Hilfe für den Modellbauer, jedoch sollten sie nur dann als Vorlage für eine Lackierung dienen, wenn nichts anderes zur Verfügung steht. Wie groß Farbunterschiede bereits von Foto zu Foto bei ein und derselben Lackierung sein können, wird jeder Modellbauer kennen, der für seine Bauprojekte eigene Aufnahmen aus verschiedenen Blickwinkeln gemacht hat.

Praktisches Beispiel: die Diesel-Lok von Wangerooge

Für dieses Beispiel wurde ein nicht mehr ganz vollständiges und beschädigtes Eisenbahn-Großserienmodell der Baugröße G (IIm) gebraucht ge-

Bild 5-31: Das Vorbild, die Lok der Inselbahn Wangerooge

kauft (Bild 5-30). Im Katalog des Herstellers befanden sich bei der Modellbeschreibung ein Textbeitrag und zwei Fotos, die auf die Kleinlokomotiven der meterspurigen Inselbahn Wangerooge verwiesen. Die Bilder zeigen zwei Loks jeweils von einer Seite; ihr Anstrich unterscheidet sich schon durch die bei den Aufnahmen herrschenden Lichtverhältnisse deutlich.

Eine Fotoserie als Gestaltungshilfe

Um das Modell möglichst vorbildgetreu gestalten zu können, entstand eine umfangreiche eigene Fotoserie, die das Äußere der Lok von allen Seiten – auch mit Detailaufnahmen – festhielt. Farbton und Glanzgrad einzelner Bauteile wurden dabei mithilfe von Farbfächern bzw. Farbkarten ermittelt und festge-

Bild 5-32: Die Ansicht des Lok-Originals aus einem Blickwinkel, aus dem der Modellbahner seine Modell-Loks meistens sieht.

halten. Eisenbahn-Fahrzeuge sind in der Regel mit standardisierten Farben lackiert; so wurde überprüft, ob dies auch hier der Fall war und ob sich der Lack möglicherweise schon verändert hatte. Je nach Einsatzort und -art kann dies sehr schnell der Fall sein (siehe Seite 124, *Das Altern und Patinieren*).

Bild 5-33: Das Führerhaus der Modell-Lok nach dem Abnehmen des Dachs und dem Herausnehmen des Scheibeneinsatzes. Das Modell wird vollständig zerlegt, um die Bauteile gut bearbeiten zu können.

Die Farbzusammenstellung nach dem Vorbild

Die Lackierung des Modells erfolgte in den auch von der Deutschen Bundesbahn verwendeten Farbtönen Rubinrot RAL 3004 und Feuerrot RAL 3000 (für die Triebstangen) sowie Grau RAL 7001 (für das Innere des Führerhauses). Die Buchstaben RAL kennzeichnen genormte Farbtöne, die unabhängig von Farbsorten und Herstellern übereinstimmen sollen. Mehrere RAL-Töne gibt es auch in den Farbsortimenten für den Modellbau, sie lassen sich meist entsprechend dem Alter des Lacks und dem *Scale Effect* abtönen.

Die Vorarbeiten vor der Neulackierung

Vor dem Lackieren wurde das Modell in seine Bauteile zerlegt und in einer ganzen Reihe von Details überarbeitet. Dazu gehörte das Abschleifen der erhabenen Lok-Schilder und des Führerhauses ebenso wie das Umarbeiten des

Bild 5-34: Die unterschiedlich eingefärbten Kunststoffteile der Lok vor dem Grundieren.

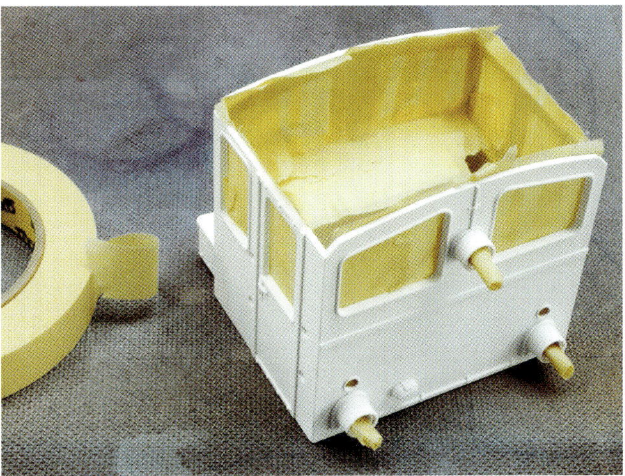

Bild 5-35: Mit Abdeckband wird das Führerhaus von innen abgeklebt.

Daches, das Abtrennen der Trittstufen von der Motorhaube, das Anfertigen der fehlenden Schürze für die Stirnseite und vieles andere mehr.

Gespritzt wurde zuerst eine Grundierung. Das geschah, um die Haftfestigkeit der Lackierung zu erhöhen und um sicherzustellen, dass trotz der unterschiedlichen Materialfarben von Weiß über Gelborange bis Schwarz mit sehr dünnen Farbschichten ein einheitlicher Farbeindruck entsteht. Aus diesem Grunde wurde auch das Innere des Führerhauses vor dem Spritzen von Rubinrot abgeklebt.

Die Neulackierung

So kamen mit der Grundierung und dem Grau nur zwei Farbschichten auf die fein profilierten Anzeigeinstrumente, Hebel und Schalter, bevor diese mit einem sehr feinen Pinsel ihre eigentliche Farbgebung erhielten.

Die Beschriftungen der Lok, nach Detailaufnahmen maßstabsgetreu angefertigt, wurden aufgerieben, nachdem die Lackierung fertiggestellt und völlig durchgetrocknet war. Die angeriebene Beschriftung wird auch hier durch eine darüber gespritzte Klarlackschicht geschützt.

Als Letztes wurden das Dach und die silbernen Kühlerlamellen an der Stirnseite der Lok gespritzt. Beim Dach waren keine besonderen Vorkehrungen zu treffen, da es abgenommen für sich allein bearbeitet werden konnte. Dies war bei den Lamellen leider nicht

Bild 5-36: Bei den Bedienungselementen wurde die Farbe mit dem Pinsel aufgetragen.

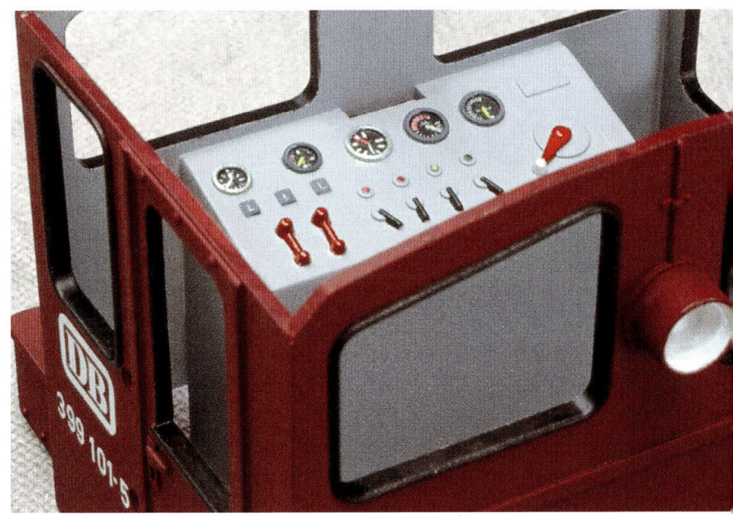

Bild 5-37: Die angeriebene Beschriftung wird durch Klarlack geschützt. Um unschöne Absätze zu vermeiden, wurde die ganze umliegende Fläche komplett lackiert.

möglich. Ihre Enden unterteilen den Rahmen, der sie einfasst, in eine Menge kleiner, winkliger Flächen, die man abdecken musste, da sie Rubinrot bleiben sollten.

Die Maskierung

Zum Maskieren bot sich Flüssigmaske an. Bei seidenmatten bzw. matten Farben, wie sie hier verwendet wurden, kann es jedoch passieren, dass Maskierflüssigkeit in sehr feine Poren eindringt und sich später nicht rückstandslos abziehen lässt. Deshalb empfehle ich Vorversuche, wenn mit den beteiligten Materialien in dieser Kombination noch nicht gearbeitet wurde.

Zum Schutz außerhalb liegender Teile des Rahmens wurde das weitere Umfeld mit Papier geschützt und abgeklebt. Beim großen Vorbild bilden sich auf den innen liegenden Teilen der hellen Metalllamellen Schatten durch die jeweils darüberliegenden Elemente. Die Lamellen des Modells sind verkürzt und stoßen direkt aufeinander, d. h. es gibt im Gegensatz zum Original

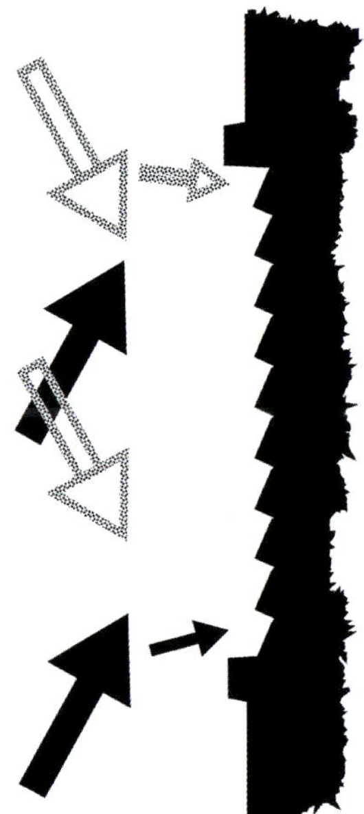

Bild 5-39: Die Schnittgrafik des Kühlers. Die Pfeile zeigen die Spritzrichtung für die jeweilige Farbe (Silber/Schwarz) an.

Bild 5-38: Auf dem rundherum maskierten Kühler wurde Schwarz von unten gespritzt. An der unteren Kühlerkante ist die weiß wirkende Flüssigmaske noch sichtbar.

Bild 5-40: Ein Blick auf die fertige Lok

keine Durchlässe zwischen ihnen (die Motorhaube ist also nach vorn geschlossen). Aus diesem Grunde würden die Lamellen des Modells, wenn sie in einem einheitlichen Ton gespritzt wären, dem Vorbild wenig ähnlich sehen.

Das Spritzen der Kühlerlamellen

Um das angestrebte Spritzbild zu erhalten, wurde schräg über die Oberfläche gespritzt, und zwar beginnend mit Schwarz (siehe die schwarzen Pfeile auf der Grafik Bild 5-39 und das Bild 5-38). Anschließend kam von der Gegenseite Silber dazu. Die Reihenfolge der Farbaufträge lässt sich auch umkehren; die Entscheidung, womit zuerst gespritzt wird, hängt davon ab, ob ein brillantes Silber mit helleren Schattenpartien (erst Schwarz, dann Silber) oder ein stumpfes, dunkles Silber mit tiefen Schatten gewünscht wird (erst Silber, dann Schwarz).

Probleme durch Farbnebel

Einige Farben, darunter auch Metallic-Farben, haben die unangenehme Eigenschaft, starken Farbnebel zu entwickeln. Beim vorliegenden Beispiel hätte das bedeutet, dass die gespritzte Farbe sich überallhin verteilt, egal, von wo aus gespritzt wird. Wenn die Intensität einer stark nebelnden Farbe unverändert erhalten bleiben soll, muss sie als letzte gespritzt und dann auf andere Art überarbeitet werden. So können die Schatten zum Beispiel auch als harte Schlagschatten gestaltet und die Lamellen einzeln – eventuell mit dem Pinsel – fertiggestellt werden.

Eine andere Möglichkeit wäre, die beiden Farben immer abwechselnd in sehr dünnen Schichten zu spritzen (nicht besonders ratsam für jemanden mit nur einem Airbrush!). Wer kniffligen Arbeiten wie dem mehrfarbigen Einfärben profilierter Oberflächen (von denen gleich noch weitere vorgestellt werden) mit Ideenreichtum begegnet, wird selten Schwierigkeiten haben, die gewollten Effekte so oder so zu erzielen.

Die Diesel-Lok der EVB mit aufwendiger Beschriftung

Diese Lok einer privaten Betreibergesellschaft (Bild 5-41) weist eine umfangreiche und individuelle Beschriftung auf. Das Modell entsteht aus einem Großserienmodell gleicher Bauart, oben in Bild 5-42, dessen bereits neu grundiertes Lok-Gehäuse sich darunter befindet. Die Grundierung ist im hellen Beige der Schmuckfarbe des Vorbilds.

Anschließend erfolgte das Abdecken mit Klebeband der in diesem Farbton geplanten Linien und Flächen. Das Klebeband muss dabei sehr sorgfältig geschnitten und zusammengefügt werden, damit überall saubere und gradlinige Kanten entstehen. Das Aufkleben des Bandes darf nicht unter Spannung geschehen, da sonst die Gefahr besteht, dass es sich über Ecken und feinen Profilen langsam „gerade zieht" und dadurch Farbe unter die Maske gelangt.

Die Schriftzüge wurden von einem Anreibebogen auf die durchgetrocknete Lackierung übertragen. Feinste Details wie die Schriftzüge auf der Diesel-Lok spritzen zu wollen, ist sinnlos. Hier gibt es einfachere Wege, um wesentlich sicherer zu professionellen Ergebnissen zu kommen.

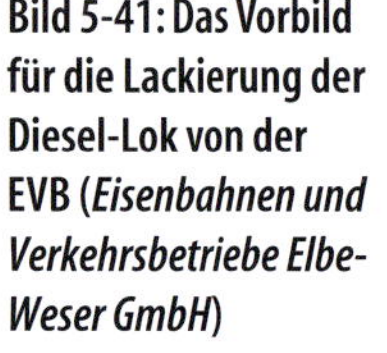

Bild 5-41: Das Vorbild für die Lackierung der Diesel-Lok von der EVB (*Eisenbahnen und Verkehrsbetriebe Elbe-Weser GmbH*)

Bild 5-42: Oben liegt das Großserienmodell, das wie das Vorbild neu lackiert wird, darunter das in der Schmuckfarbe bereits neu gespritzte Gehäuse.

Decals, Abziehbilder und Anreibebogen

Beschriftungen und Zierlinien auf Großserienmodellen entstehen im industriellen Prägefolien- und Tampondruck, werden also in unterschiedlichen Druckverfahren aufgebracht. Der sicherste Weg für den Modellbauer, zu überzeugenden Resultaten zu kommen, ist sicherlich, ein Druckbild oder eine vergleichbare Reproduktion von einem ablösbaren Papier- oder Folienträger auf ein Modell zu übernehmen.

Neben den Aufklebern, die sich durch ihre dicke Trägerfolie für kleine Modelle nur begrenzt eignen (z. B. als Zuglaufschilder), wird von verschiedenen Herstellern dazu eine breite Palette von Decals, Abziehbildern und Bogen mit Anreibeschriften angeboten. Es

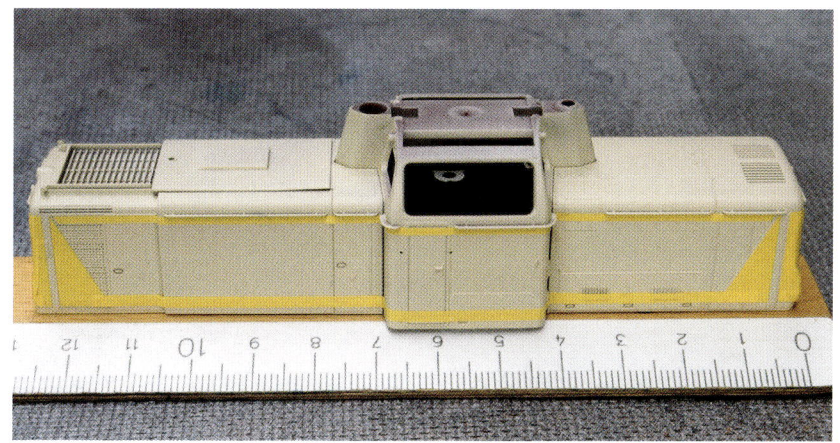

Bild 5-43: Mit Blick auf das Lineal wird noch deutlicher, wie penibel hier maskiert werden muss.

Bild 5-44: Der Rotstift zeigt auf die Stelle, an der sich das Klebeband „gerade gezogen" hat. Es muss neu verlegt werden.

gibt sogar die Möglichkeit, das Passende bei einzelnen Herstellern individuell anfertigen zu lassen.

Das Anreiben

Wer schon ein wenig Übung mit Anreibebogen bzw. dem Anreiben von Schriftzügen und Symbolen hat, weiß, dass das angeriebene Material hauchdünn ist und damit relativ leicht zu beschädigen. Ist beim Anreiben etwas eingerissen, so wird dies selbst bei feinsten Rissen meist sehr deutlich sichtbar. Mit einer ruhigen Hand, einer passenden Farbe und einem sehr feinen Pinsel lässt sich ein solches Missgeschick manchmal kaschieren – geht der Versuch schief, kann das beschädigte Element immer noch mit Tesafilm überklebt, hochgezogen und ersetzt werden.

Das Aufbringen der Decals

Bei Decals, den Nassschiebebildern, befinden sich die gedruckten Beschriftungen und Bilder auf einem klaren Lackfilm, der mit lauwarmem Wasser vom Papierträger abgelöst wird. Das Aufbringen auf unebenen Flächen wird durch Hilfsmittel in Form von speziellen Weichmachern oder Essig erleichtert. Werden solche Hilfsmittel eingesetzt, muss das Decal anschließend einige Stunden länger (nach Herstellerangaben bis 24 Stunden) trocknen. Eine solche Trockenzeit ist eigentlich in jedem Fall ratsam, auch ist bei zweiseitig zu beschriftenden Modellen darauf zu achten, dass die Decals auf der ersten Seite nicht beim Beschriften der Gegenseite beschädigt werden. Der Lackfilm der Decals, der hier die Funktion einer Trägerfolie hat,

Bild 5-45: Das Modell der fertig beschrifteten EVB-Lok

besitzt auch nach dem Antrocknen auf dem Modell noch seinen eigenen Glanzgrad, der auffallend deutlich von dem der beschrifteten Fläche abweichen kann.

Beschriftungen und einheitlicher Glanzgrad

Alle Beschriftungen und ihre Umgebung werden sowohl zum Erzielen eines einheitlichen Glanzgrades als auch zum Schutz vor mechanischen Beschädigungen mit Klarlack überspritzt. Achtung: Bei sehr feinen Beschriftungselementen darf das Überspritzen in keinem Fall zu nass erfolgen, da der Klarlack sonst die Schriftbilder anlösen und beschädigen könnte!

Mischtechniken an einem Güterwaggon

Als Einstieg in die Mischtechniken dient hier ein Güterwaggon aus Kunststoff, der sich von einem recht einfachen Modell in einen überholungsbedürftigen Oldtimer der Nachkriegszeit verwandeln soll.

Die Vielfalt der Materialien herausarbeiten

Die Materialien dieses Originals sind Metall, Holz und besandetes, mit Dichtungsmasse bestrichenes Segeltuch der Dachabdeckung. Also bestimmen die variierende Körnung einer bestreuten Segeltuchabdeckung, die Maserung und abplatzende, abgekratzte Farbe von Holz sowie schadhafter Lack und Rost das Aussehen des betagten Waggons. Um diese sehr unterschiedlichen Oberflächenstrukturen darzustellen, bieten sich diverse Mischtechniken im klassischen Sinn an, d. h., dass unterschiedliche Farbsorten übereinandergelegt werden, um ganz spezielle Effekte und Arbeitsweisen zu ermöglichen. Dies zeigt sich bereits beim Wagenkasten.

Vorarbeiten: Zerlegen und Nachgravieren

Das unbearbeitete Modell wird vor Arbeitsbeginn so weit wie möglich zerlegt. Der Waggon besteht aus einem mehrteiligen Untergestell (siehe Seite 122, Bild 5-55), auf dem der Wagenkasten nebst abnehmbarem Dach mit Schrauben festgehalten wurde. Die zerlegten Teile werden sorgfältig gereinigt und entfettet.

Bevor es mit dem Aufbringen von Farbe auf den Wagenkasten losgeht, wird erst einmal nachgraviert. In allen „Holzteilen" werden Maserungen, Kratzer, Risse und Schäden verstärkt oder neu eingearbeitet (siehe Seite 130, *Exkurs über Spezialwerkzeuge*). Später erfahren diese dann eine Betonung durch Farbe, wodurch ein realistischer Anblick gelingt.

Bild 5-46: Das ist das einfache Modell eines Güterwaggons aus Kunststoff ...

Bild 5-47: ... der in einen überholungsbedürftigen Oldtimer der Nachkriegszeit verwandelt wird.

Die Waschtechnik (Wash oder Washing)

Waschtechnik, auch *Washing* oder kurz *Wash* genannt, ist eine spezielle Technik, um Profile, Maserungen, Stöße zwischen (Metall-)Platten und vieles mehr herauszuarbeiten wie auch Gebrauchsspuren o. Ä. zu erzeugen.

Für den „hölzernen" Aufbau des Güterwaggons war zu entscheiden: Soll die Grundfarbe, also die graue Kunststoffeinfärbung, bleiben, oder soll z. B. ein rotbrauner Güterwaggon der Epoche 2 entstehen?

Voraussetzung bei der Waschtechnik ist, dass die neue Grundfarbe (es kann auch ein abweichendes Grau sein) eine gute Haftfestigkeit besitzt und von nachfolgenden Farbaufträgen nicht angelöst wird. Das ist hier deshalb sehr wichtig, wenn auf der Grundfarbe weitergearbeitet werden soll.

Wash mit Künstlerfarben

Für die Waschtechnik wird im vorliegenden Beispiel Künstlerölfarbe sehr stark mit Terpentin verdünnt, oder anders ausgedrückt: In Terpentin wird etwas Künstlerölfarbe aufgerührt. Beim Wash wird das Terpentin-Gemisch mit einem weichen Pinsel auf das Modellteil aufgetragen und läuft in die Vertiefungen der so „gewaschenen" Oberfläche.

Sobald die Farbe leicht angetrocknet ist, wird mit einem weichen Tuch, Wattestäbchen oder Ähnlichem der erhabene Bereich abgerieben. Die Farbe bleibt so nur noch in den Vertiefungen stehen. Dieser Vorgang lässt sich ggf. mit verschiedenen Tönen einer Künstlerölfarbe behutsam mit wenig Farbe im Terpentin in etlichen Arbeitsgängen wiederholen.

Bei dieser Art der Waschtechnik darf die darunter liegende Farbe in jedem Fall nur Acrylfarbe sein, da sie von Terpentin nicht angelöst wird. (Zur Anlösbarkeit siehe auch Seite 76, Bild 4-15). Eine Alternative: Anstelle von Ölfarbe wird eine Künstler-Aquarellfarbe benutzt (s. Kap. 6, Seite 126 ff), die für Modellbaufarben keine Gefahr darstellt, aber ein anderes Trocknungsverhalten hat und mit einem feuchten Lappen abgewischt werden kann. Die mit Aquarellfarben behandelten Flächen werden abschließend mit einem wasserunlöslichen Lack überzogen, um sie „grifffest" zu machen. Über einer terpentinlöslichen Farbe lässt sich natürlich auch mit einer Airbrush-Farbe arbeiten, die dann mit einem alkoholhaltigen Lappen oder feuchten Wattestäbchen abgewischt wird.

Mit Pigmenten oder pulverisierter Pastellkreide

Bei dieser Technik lassen sich mit eingewischten Pigmenten oder zerriebener Pastellkreide (keine Ölkreide!) ebenfalls gute Ergebnisse erzielen. Dazu wird das trockene Pulver mit einem weichen Pinsel aufgetragen. Je nach Beschaffenheit verfängt sich dies unterschiedlich stark in Vertiefungen. Auf den erhabenen Teilen wird das Pulver mit dem Airbrush vertrieben oder einfach weggepustet. Wenn die eingewischten Partikel abschließend mit einem Fixierer (Seite 126, Bild 6-20) gebunden und dann mit Klarlack überzogen werden, sollte erst einmal mit möglichst wenig Druck gearbeitet werden.

Bild 5-48: Wanddetail. Vor dem Aufbringen von Farbe wurden Maserungen und Schadbilder wie Kratzer und Risse in allen „Holzteilen" nachgraviert.

Keine Gefahr des Anlösens besteht natürlich auch dann, wenn eine wirklich haftfeste Grundfarbe (Test machen!) ganz leicht mit einer stark verdünnten Airbrush-Farbe überspritzt und das Bauteil anschließend mit einem trockenen Tuch abgerieben oder mit einem geeigneten Radiergummi bearbeitet wird (siehe Bild 5-48 und Bild 6-20).

Neben den genannten Künstlermaterialien gibt es, speziell für *Washings* im Modellbau, schon angemischte Produkte. Diese können die Arbeit hinsichtlich der Verdünnung und der Farbwahl vereinfachen (s. Kap. 6, Bild 6-20).

WARNUNG!
Waschtechnik ist ohne Schäden nur möglich, wenn die darunter liegende Farbe sich bei diesem Vorgang nicht anlöst. Deshalb im Zweifelsfall vorher testen!

Bild 5-49: Ein Kreppstreifen sorgt für die waagrechte Ausrichtung beim Aufbringen der Buchstaben.

Beschriftung mit dem Airbrush

Wie bei den LKWs, den Flugzeugen und Schiffen spielen Beschriftungen auch bei der Eisenbahn, eigentlich im gesamten Transportwesen eine große Rolle.

Die Schablonenschrift im Transportwesen

Für den Schriftzug SEEFISCHE auf dem Güterwaggon wurde eine Schablonenschrift mit dem bezeichnenden Namen „Cargo“ benutzt. Diese Schriften, die aus einzelnen Buchstabenschablonen bestehen, erlauben eine schnelle

Bild 5-50: Schablonenschrift. Die Wörter werden beim großen Vorbild mit den Metallschablonen einzelner Buchstaben zusammengesetzt.

ABCDEFGHIJKLM
NOPQRSTUVWXYZ
abcdefghijklm
nopqrstuvwxyz
0123456789
! % & / ( ) = ? - : . ; ,

Bild 5-51: Kopiervorlage für die Schablonenschrift

und dauerhafte Kennzeichnung und Identifikation. Der Schrifttyp ist leicht an den Stegen zu erkennen, mit denen die Buchstaben vollständig in der Schablone gehalten werden.

Modellbauer setzen diese Schrift vorbildgerecht auch auf Transportbehälter wie Säcke, Kisten und Container, auf Güterwaggons und Militärfahrzeuge. Mithilfe eines Fotokopierers lassen sich die Buchstaben von der Vorlage im Bild 5-51 auf die gewünschte, maßstabsgerechte Größe bringen. Aus Papier oder dünnem Karton mit einem feinen Messer ausgeschnitten, werden sie nacheinander zu logistischen Kürzeln oder ganzen Wörtern zusammengesetzt und überspritzt. Natürlich lässt sich für die Schablonenherstellung auch der PC zu Hilfe nehmen.

Unsaubere Spritzbilder sehen echter aus

Fällt das Spritzbild des einen oder anderen Buchstabens etwas unsauber aus, weil die Schablone leicht unterspritzt wurde oder das Spritzbild Mängel hat, so sieht das Ganze meist nur echter aus.

Die weitere Beschriftung am Güterwaggon erfolgt mit Anreibebuchstaben und -linien. Diese lassen sich auf dem strukturierten Untergrund einwandfrei und ohne Hilfsmittel aufbringen.

Bild 5-52: Rosttöne werden mithilfe eines selbst gefertigten Pappspachtels aufgetragen.

Bild 5-53: In einem „staubigen" Grauton wird der gesamte Waggon unter geringem Druck mit dem Airbrush „eingenebelt".

Die Rottöne für die Rostspuren auf den Metallrahmen des Wagenkastens werden mithilfe eines feinen, selbst gefertigten Pappspachtels aufgetragen.

Mit dem Airbrush wird der Wagenkasten rundherum flächendeckend „eingestaubt". Ein staubiger Grauton wird dabei mit sehr wenig Druck über die einzelnen Partien „genebelt". Mehrere Schichten matter Klarlack schützen abschließend die empfindlichen Anreibebuchstaben und -linien und die sehr feinen Farbaufträge.

Das Sprenkeln

Im Bild 1-23, Seite 19, wurde ein (sehr) körniges Spritzbild als Indiz für einen

nicht ausreichenden Luftdruck gezeigt. Nun kann ein solches Spritzbild zur Darstellung bestimmter Materialien auch gewollt sein. Um sehr gezielt bestimmte Korngrößen im Sprenkelbild zu erhalten, kann dabei die Arbeit mit einer Sprenklerkappe anstelle der regulären Saugkappe hilfreich sein (vgl. Bild 1-14).

Um den realistischen Eindruck des besandeten Segeltuchs auf der Dachfläche zu erzeugen, wurde deshalb mit reduziertem Spritzdruck gearbeitet. Über eine mittelgraue Grundierung kamen schwarzgraue, dunkelgraue und hellgraue Sprenkelbilder von unterschiedlicher Intensität.

Für die Kanten der überlappenden Segeltuchbahnen wurde mit einem sehr feinen Pinsel (000) entlang einer imaginären Begrenzungslinie Dunkelgrau getupft. Von einer Maske aus, die jeweils eine Dachbahn bis an diese Kante hin abdeckt, entsteht der mit

Bild 5-54: Unten: Die ursprüngliche Dachfläche des Modells. Oben: Der realistische Eindruck von besandetem Segeltuch auf der Dachfläche durch Spritzen unterschiedlich grauer Sprenkelbilder und der Kantendarstellung mit einem feinen Pinsel.

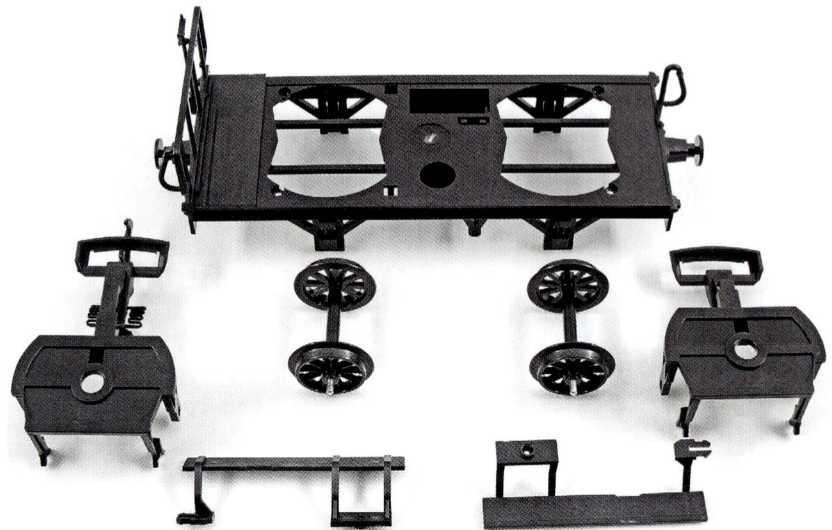

Bild 5-55: Das Untergestell des Güterwaggons nach dem vollständigen Zerlegen

dem hellsten Grau gesprenkelte kurze Verlauf (Bild 5-54).

TIPP
Für Sprenkelbilder wird der passende Luftdruck für den Airbrush während des Spritzens über Schmierpapier gesucht und das Erscheinungsbild geprüft. Ist der richtige Druck für die gewünschte Körnigkeit gefunden, dann erst auf das grundierte Bauteil sprenkeln.

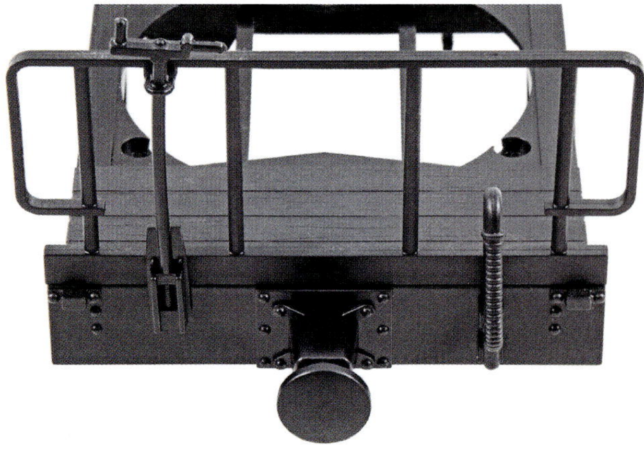

Bild 5-56: Die unbearbeitete Stirnseite des Untergestells

Echten Rost darstellen

Während an den „eisernen“ Rahmenteilen des Wagenkastens die Rostkratzer mit Farbe dargestellt sind, soll an den „Metallrahmen“ des Untergestells nach dem vollständigen Zerlegen echter Rost ansetzen.

Wie echter Rost entsteht

Echter Rost entsteht, wenn eine sog. Eisengrundierung (Eisenstaub mit Bindemittel) aufgetragen und mit einem Oxidationsmittel behandelt wird. Dieses aus dem Dekorationsbereich stammende Verfahren eignet sich aufgrund der Korngröße von echtem Rost nur für größere Modelle.

Für eine Verarbeitung mit dem Airbrush kommen die dazu verwendeten Materialien kaum in Betracht. Eine Ausnahme bildet jedoch die Möglichkeit, die Eisengrundierung von einem Airbrush mit einem großen Düsendurchmesser aus zu sprenkeln. So lassen sich echt wirkende Rostpickel erzeugen.

Bild 5-57 bis Bild 5-59: Details vom Untergestell des Modells nach der Herstellung von „falschen" Roststellen durch Sprenkeln mithilfe des Airbrushs. Im mittleren Bild ist das Maskierband zum Freistellen des Schlauches noch nicht entfernt worden. Mehr davon war an dieser Stelle nicht erforderlich. Da aus sehr geringem Abstand über dem Schlauch gespritzt wurde, konnte die weitere Umgebung allein mit einem Stück Papier in der Hand geschützt werden.

Bild 5-60: Nur noch in Gang gehalten wurden die Maschinen der Baureihe 55 vor ihrer endgültigen Abstellung Ende der 1960er-Jahre.

Das Altern und Patinieren

Zusammen mit Rost sind es je nach Modell noch andere „Gebrauchsspuren", die Alter und Pflegezustand eines Vorbildes charakterisieren können. Ohne es ausdrücklich zu nennen, wurde dieses Thema bereits beim Einfärben der EVB-Diesel-Lok (siehe Seite 114, Bild 5-45) eingeführt. Sie hat über die Drehgestelle hinaus bereits die Gebrauchsspuren des Vorbilds erhalten.

Deutlicher sind Gebrauchs- und Witterungsspuren natürlich, wenn ein rostiger Schiffsrumpf Schrammen und Algenbewuchs aufweist oder eine alte Dampfmaschine neben Rost auch öligen Schmutz und Kalkablagerungen aufgrund undichter Ventile und Rohrleitungen hat.

Dampflokomotiven wurden in ihren letzten Betriebsjahren häufig nicht gerade pfleglich behandelt. Sie blieben nur durch die nötigsten Wartungs- und Instandsetzungsarbeiten noch betriebsfähig. Eine solche Lok zeigt das Bild 5-60.

Das Lokmodell auf dem Bild 5-61 hat auf Bild 5-62 deutliche Alterspu-

Bild 5-61: Gesamtansicht eines unbehandelten Modells der Dampflok-Baureihe 57.

ren erhalten, aus einem Großserienmodell ist ein Einzelstück geworden. Je nachdem, was gealtert wird und wie alt es sein soll, werden bestimmte Gebrauchs- und Witterungsspuren herausgearbeitet, die eine Menge über die Pflege, die Beschaffenheit und die Nutzung des Vorbilds aussagen.

Ein einfaches Überspritzen mit einer „Schmutzfarbe" wird keinem Modell gerecht; selbst auf einem Geländefahrzeug, das durch tiefen Schlamm oder über staubige Pisten gejagt wurde, weisen die Verschmutzungen bestimmte Spritzrichtungen (im doppelten Sinne), Verläufe und Farbnuancen auf.

Das Fazit in Sachen Altern und Patinieren

Wenn Modelle sich ihre Gebrauchsspuren selbst zulegen – wie beispielsweise RC-Motorsportmodelle – oder Fahrzeuge für eine Ausstellung frisch lackiert glänzen sollen, dann ist das Thema *Weathering* natürlich nicht so wichtig. Bei allen anderen Modellen, die dem großen Vorbild möglichst exakt nachempfunden werden, kann es den letzten Schliff zur wirklich perfekten Kopie bedeuten. Dabei muss ein Modell nicht gleich um Jahre altern oder gar schrottreif aussehen – oft sind es kleinere Akzente, die ein Erscheinungsbild richtig abrunden. Wie schon beim Bauen des Modells gilt auch hier: Je besser die Kenntnisse über das Vorbild sind, desto eindrucksvoller wird die Kopie ausfallen. Und genau darum wird es auch im anschließenden Kapitel gehen.

Bild 5-62: Dieselbe Dampflok der Baureihe 57 nach dem Patinieren.

KAPITEL 6

Der Plastikmodellbau

Für fast alles, was aus Plastik ist, sind die Ratschläge dieses Kapitels nützlich und umsetzbar. Doch am meisten werden sich die Liebhaber von Flugzeugen und Kettenfahrzeugen freuen, denn die stehen hier als erstes im Mittelpunkt einer vorbildgetreuen Gestaltung.

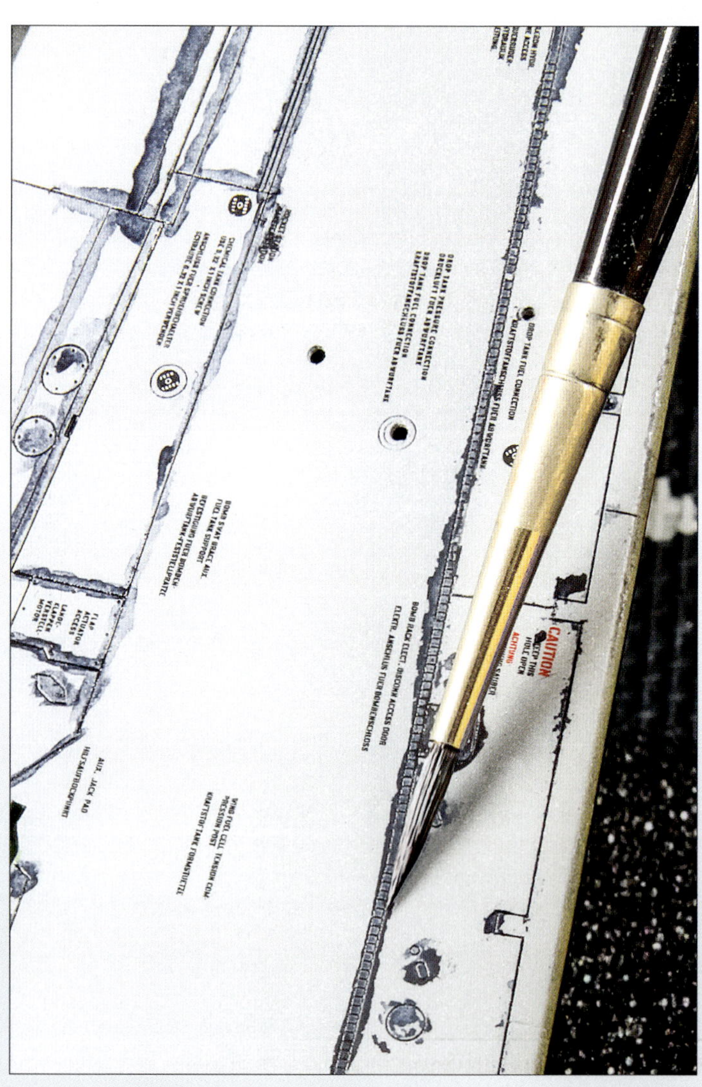

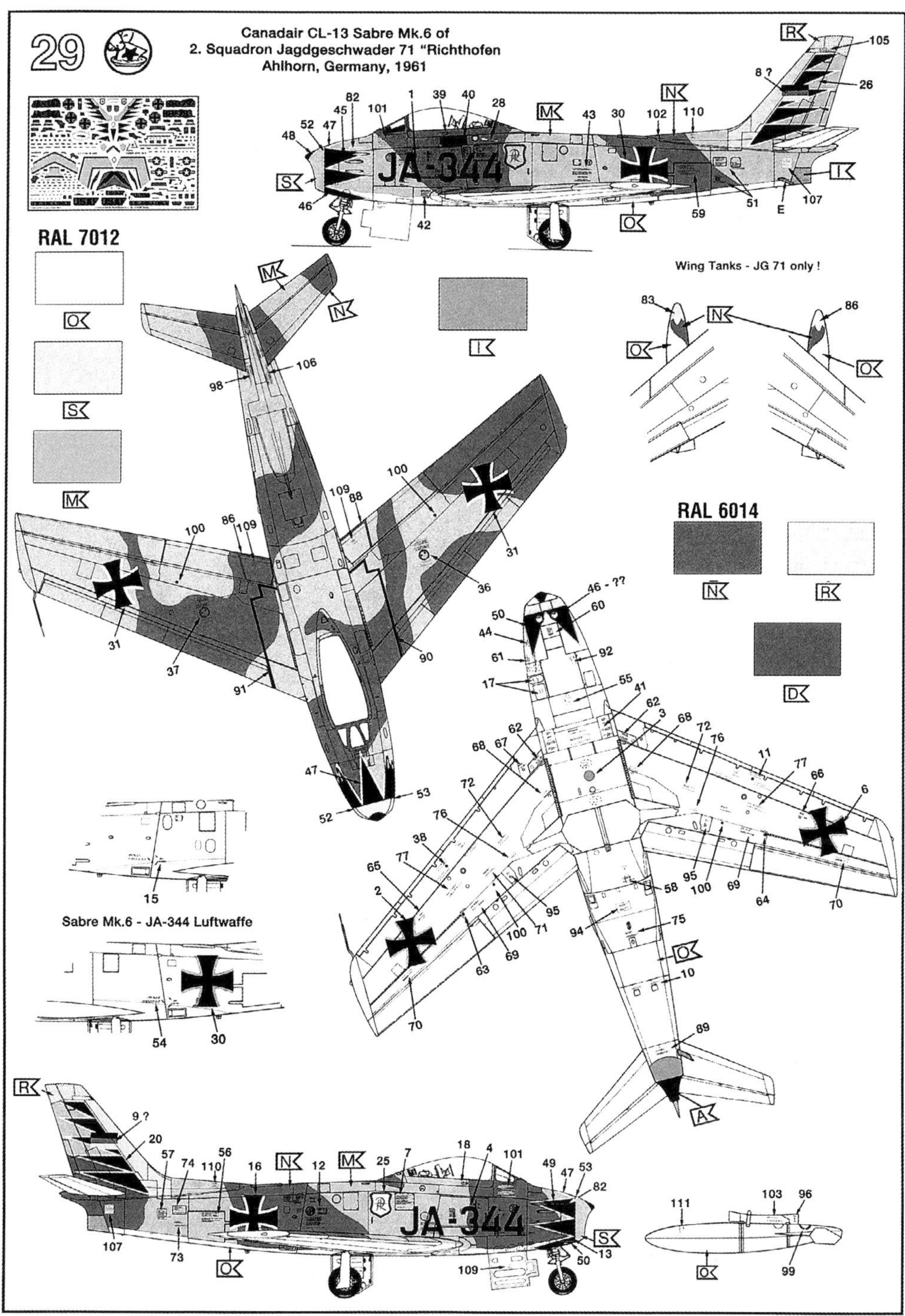

Bild 6-1: Detaillierte Farbangaben im RAL-System auf dem Farbschema in der Bauanleitung eines Herstellers.

Bild 6-2: Bogen mit Decals (Schiebe- oder Abziehbildern) mit umfangreichen, maßstabsgetreuen Schriften und Logos

Die absolut maßstabsgetreue Verkleinerung des Vorbildes ist die Maxime im Plastikmodellbau.

Je größer die Nähe eines Modells zu seinem großen Vorbild werden soll, desto wichtiger ist es, die Farbgebung des Originals genau zu kennen. Dies ist auch bei den anderen Modellen schon angeklungen.

Der Modellbauer erwartet deshalb von den Herstellern sehr detaillierte Farbangaben und feinste Decal-Bogen. Eine umfassende Fotodokumentation eines Originals lässt sich – soweit nicht auf eigene Fotos von einem ganz bestimmten Baumuster zurückgegriffen werden kann – oft in entsprechenden Publikationen und Foren finden.

Bild 6-3: Detail aus dem Decal-Bogen in Originalgröße

Ablaufplanung und Vorarbeiten an einem Flugzeugmodell

Zu den grundlegenden Voraussetzungen beim Bau eines Topmodells gehört natürlich auch die sorgfältige Bauplanung. Sie schließt die gewünschte Farbgebung in die Ablaufplanung mit ein, die durchaus vom herstellerseitigen Schritt-für-Schritt-Ablauf abweichen kann. Bei der hier vorgestellten

Canadair CL-13 Sabre Mk.6 ist es zum Beispiel die Nase, die an ihrer Innenseite und von vorn fertig lackiert sein muss, bevor sie – weitaus eher als im Baukastenplan vorgesehen – montiert wird (Bild 6-5).

Bild 6-4: Abgestelltes Original eines *Sabre*-Jets

Bild 6-5: Die Basislackierung der Flugzeugoberseite. Die Flugzeugnase wird erst an ihrer Innenseite und von vorn fertig lackiert, bevor sie montiert und in die Basislackierung integriert wird. Zu den Besonderheiten beim Lackieren des Rumpfes gehört, dass die Flugzeugoberseite wie beim Original erst mit der dunkleren Farbe lackiert wird.

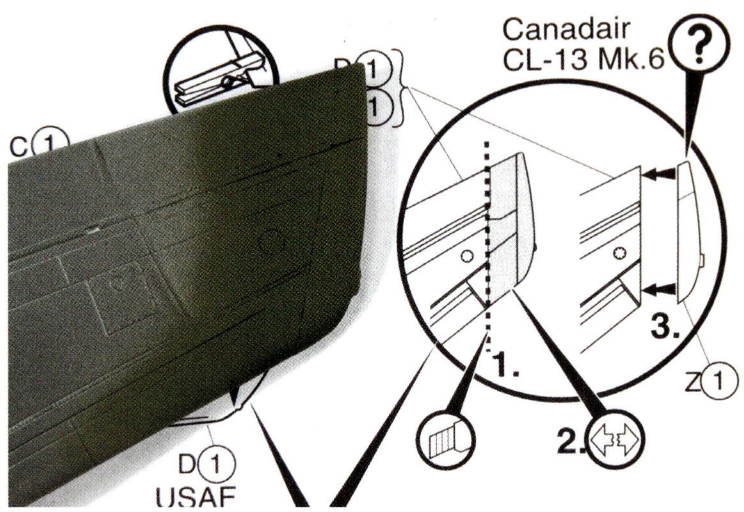

Bild 6-6: Um einen *Sabre*-Jet der deutschen Luftwaffe zu bauen, sind die Tragflächen vom Typ *F-86F-40* der US Airforce zu kürzen. Hier liegt die veränderte Tragfläche auf der dazugehörigen Bauanleitung. Durch das vorgezogene teilweise Überspritzen mit der späteren Grundfarbe wird sofort deutlich, wo nach dem ersten Spachteln, Schleifen und Gravieren noch *(weiter S. 131)*

EXKURS: Nützliches Spezialwerkzeug zur Oberflächenbearbeitung

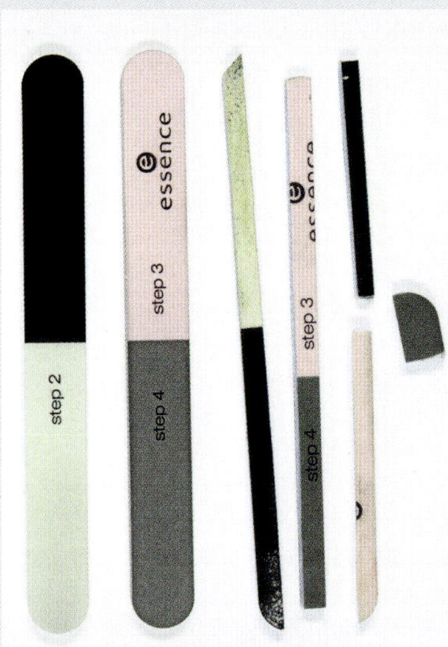

Bild 6-7: Schleifpads für die Nagelpflege lassen sich gut zuschneiden und sind deshalb vielseitig einsetzbar.

Um dem hohen Anspruch in der Oberflächenbearbeitung gerecht zu werden, gibt es im Plastikmodellbau eine ganze Reihe spezieller Werkzeuge und Hilfsmittel. Einige davon kommen aus der Kosmetik: Es sind die Schleifpads für die Nagelpflege, mit denen sehr gut ab- und feingeschliffen, geglättet und poliert werden kann.

Neben den klassischen Werkzeugen im Modellbau sind auch einige aus der grafischen Arbeit nützlich wie das feine Messer, die Reißnadel und das Pausrad. Letztere spielen für das Herausarbeiten von Oberflächenstrukturen eine wichtige Rolle.

Die so entstandenen Gravuren werden durch die Technik des Waschens (*Wash/Washing*) oder mit Bleistift deutlicher sichtbar gemacht. Das gilt im Plastikmodellbau auch für Nieten, die „versenkt" dargestellt werden. Sind diese evtl. durch Spachtel oder Filler bzw. beim Schleifen verschwunden, werden mit dem Pausrad neue Nieten eingestanzt.

Sowohl Pausrad als auch Reißnadel lassen sich aber nur mit Einschränkung einsetzen, denn mit der Reißnadel werden beim Gravieren seitlich Wülste aufgeworfen, die zwar beim Herausarbeiten von Holzmaserungen durchaus erwünscht sein können (siehe dazu Bild 5-48), aber bei Metallfugen eher unpassend sind.

Der Airbrush lässt sich schon in einer frühen Bauphase und vor dem eigentlichen Lackieren sinnvoll einsetzen. Das leichte Überspritzen eines bearbeiteten Bauteils oder einer Baugruppe hilft zu prüfen, ob einwandfrei zusammengesetzt, gespachtelt, geschliffen und graviert wurde. Das zeigt das konkrete Beispiel in Bild 6-6.

Das Spritzen

Nach dem Abschluss der Vorarbeiten wird der *Sabre*-Jet lackiert: Tragflächen und das Oberteil des Rumpfs in Grün (Bild 6-5), die Unterseiten in Grau (Bild 6-10).

Das Spritzen an der Trennlinie

Laut Vorbild sind die Farbflächen nicht scharf begrenzt. Sie werden deshalb über Abstandsmasken gespritzt (Bild 6-11). Dazu der Tipp für deren Herstellung, wenn die Trennlinie am Rumpf vor der Tragfläche nicht gradlinig verlaufen soll.

Machen Sie für diesen Bereich vom Farbschema aus Bild 6-1 eine Kopie, die auf Karton geklebt wird und an der Trennlinie von Grün und Grau aus-

nachgearbeitet werden muss, bevor wirklich lackiert werden kann. Der Farbauftrag mit dem Airbrush verdeckt also keine Schwächen, sondern macht sie sogar erst richtig deutlich.

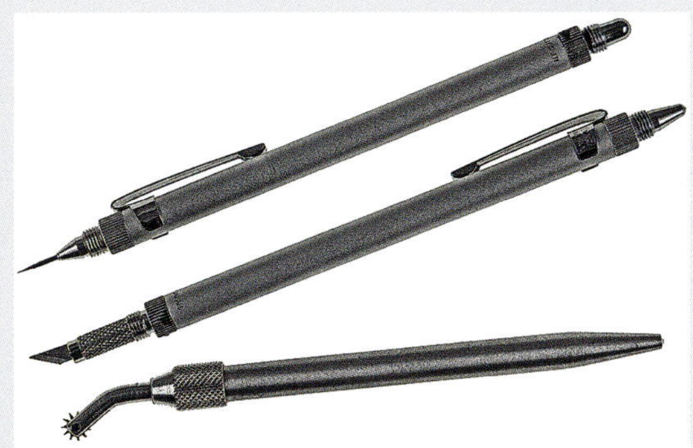

Bild 6-8: Nützliche Werkzeuge wie die Reißnadel, das feine Messer und das Pausrad kommen aus der grafischen Arbeit.

Deshalb werden spezielle Gravierwerkzeuge angeboten, die das aufgenommene Material als Späne herausheben.

Im oberen Bildteil (Bild 6-9) liegt ein Werkzeug, das im Plastikmodellbau als „Riveter", auch „Riveting Tool" (Nietrad) angeboten wird. Es ist ein Haltegriff für Zahnräder mit verschieden scharfen Zähnungen, um unterschiedliche Nietabstände zu erzeugen. Solche „Nieträder", die unterhalb des Halters liegen und für unterschiedliche Abstände der Nieten resp. Maßstäbe gefertigt sind, sehen so aus wie auf der oben ins Bild gelegten, stark vergrößernden Fotokopie.

Bild 6-9: Gravierwerkzeuge zum Spanausheben (abgebildet im ModellFan 3/2010), im Foto oben sog. Nieträder

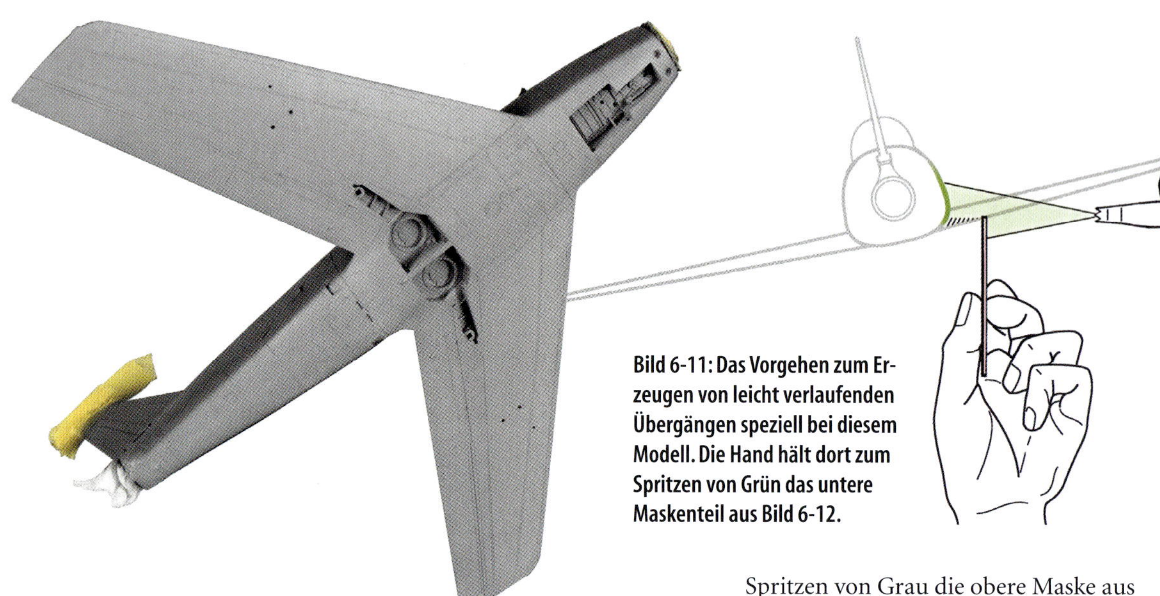

Bild 6-11: Das Vorgehen zum Erzeugen von leicht verlaufenden Übergängen speziell bei diesem Modell. Die Hand hält dort zum Spritzen von Grün das untere Maskenteil aus Bild 6-12.

Bild 6-10: Nach dem Zusammensetzen werden Rumpf und Tragflächen zweifarbig lackiert. Nach dem Vorbild (Bild 6-4) sind die Farbflächen nicht scharf begrenzt, sodass frei oder über Abstandsmasken gespritzt werden muss.

einandergeschnitten wird. Sie erhalten so zwei Masken mit gegenläufigen Schnittkanten. Die Farben an den Kanten zeigen, mit welcher Farbe gespritzt wurde (Bild 6-12).

Sollte eine der vor und hinter den Tragflächen liegenden Verläufe nicht auf Anhieb gelingen, so lässt sich mit der anderen Farbe bis zum gewünschten Ergebnis „gegenspritzen“ (zum Spritzen von Grau die obere Maske aus Bild 6-12 nehmen).

Das Spritzen des Tarnmusters

Zu den Besonderheiten beim Lackieren des Rumpfes gehört, dass die Flugzeugoberseite erst mit der dunkleren Farbe lackiert wird. Es wird hier also nicht wie sonst von Hell nach Dunkel vorgegangen. Das Tarnmuster beginnt mit dem Spritzen von Basaltgrau. Wie am Original-Jet (Bild 6-4) zu sehen, ist das Grünoliv wesentlich unempfindlicher gegen Witterungseinflüsse als das Basaltgrau dieser offensichtlich viel im Freien geparkten Maschine.

Das Tarnmuster beim Original-Jet ist frei gespritzt und verwittert, also ohne randscharfe Begrenzungslinien. Für die Maskenherstellung werden wieder maßstäbliche Kopien des Farbbogens aus Bild 6-1 gebraucht.

Sollen scharf begrenzte Tarnflecken entstehen, lassen sich auch direkt mit diesen Kopien Masken herstellen. Dazu werden die Tarnflecken aus den

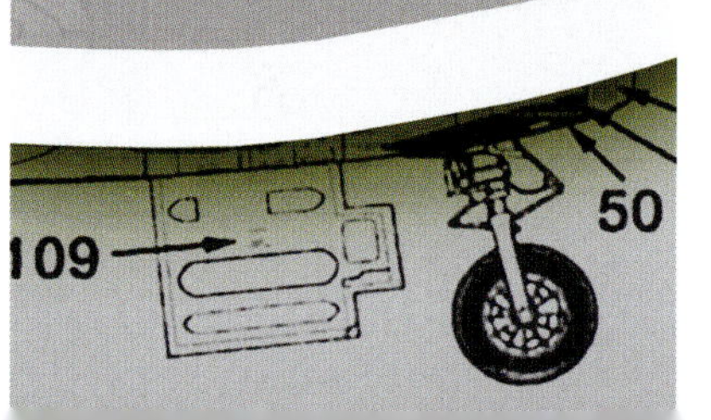

Bild 6-12: Die in zwei Teile geschnittene und auf Karton geklebte Kopie aus dem Farbschema aus Bild 6-1 wird zur Abstandsmaske.

Bild 6-13: Zum Herstellen unscharfer Kanten der Tarnflecken beim *Sabre*-Jet werden kleine Maskierbandrollen auf die Unterseite der Papiermaske geklebt, damit die Maske nicht aufliegt und beim Überspritzen nicht verrutscht.

Bogen ausgeschnitten und lösbare (!) Verbindungen mit dafür geeignetem Sprühkleber auf der Rückseite hergestellt (ablüften lassen!).

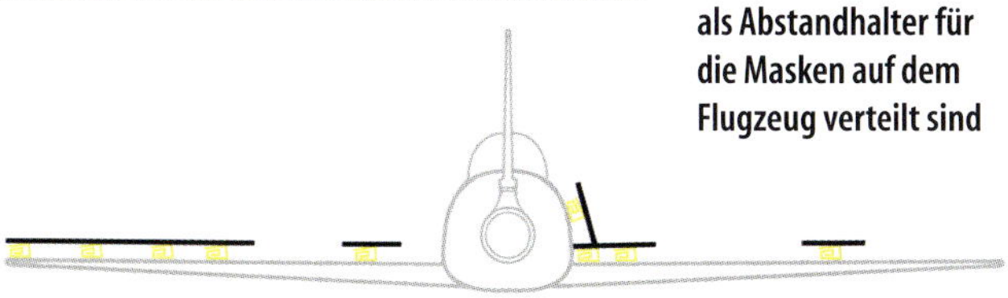

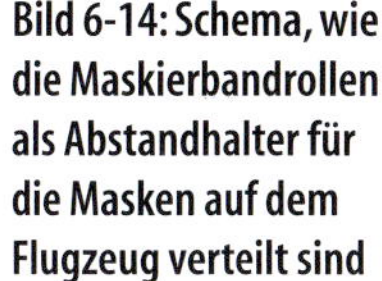

Bild 6-14: Schema, wie die Maskierbandrollen als Abstandhalter für die Masken auf dem Flugzeug verteilt sind

Bild 6-15: Die Farbgebung auf der Oberseite des *Sabre*-Jets. Die Decals werden anschließend vor (!) dem *Washing* aufgebracht.

Bild 6-16: Der kopierte Bogen mit den Umrisslinien aus Bild 6-1 ist mit Maskierband auf der Unterseite des Modells befestigt. Die Umrisslinien der Schächte sind großzügig ausgeschnitten.

Um aber unscharfe Kanten der Tarnflecken beim *Sabre*-Jet herzustellen, werden kleine Röllchen aus Maskierband auf die Unterseite der Papiermaske geklebt, damit die Maske nicht aufliegt und beim Überspritzen auch nicht verrutscht. Um die Verwitterung zu imitieren, wird aus geringem Abstand fleckig gespritzt. Das Foto 6-15 zeigt die Oberseite, deren Fertigstellung im Weiteren der der Unterseite glich.

Das Spritzen der Fahrwerksschächte

Zum Spritzen der Fahrwerksschächte an der Unterseite des Jets gehen Sie wie folgt vor:

- den Umrissplan aus Bild 6-1 maßstabsgerecht kopieren,
- die Umrisslinien der Schächte großzügig aus dem Bogen schneiden,
- den Bogen mit Maskierband auf dem Modell befestigen (Bild 6-16),
- die Schachtränder mit Maskierflüssigkeit exakt begrenzen (erkennbar am Glanz),
- im ersten Durchgang mit Grün spritzen (Bild 6-17),
- vor dem zweiten Spritzgang im Innern alle erhabenen Teile mit Flüssigmaske einpinseln
- die im Halbschatten bzw. im Hintergrund liegenden Flächen leicht schattieren.

Plastische Wirkung

Die plastische Wirkung eines Modells lässt sich durch das optische Vertiefen

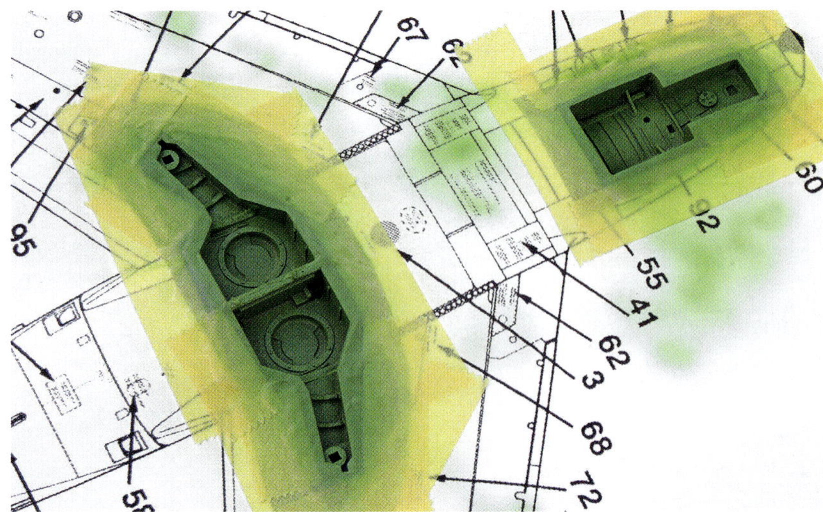

Bild 6-17: Die Schachtränder sind eng begrenzt mit Maskierflüssigkeit, die am Glanz erkennbar ist. Der erste Durchgang in Grün ist gespritzt.

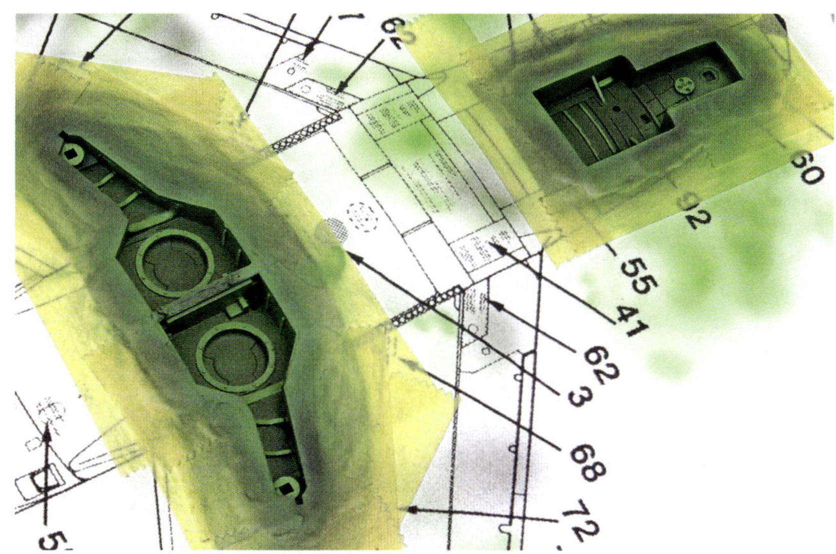

Bild 6-18: Vor dem zweiten Durchgang wurden alle erhabenen Teile mit Maskierflüssigkeit eingepinselt. Sie zeichnen sich nach dem Abrubbeln deutlich heller ab.

und Akzentuieren von Stoßkanten und Nietlöchern steigern. Zuvor werden die Flächen mit glänzendem Klarlack überzogen und die Decals platziert. Dabei ist darauf zu achten, dass die Decals die Stöße nicht überspannen, also verdecken, denn dieser Fehler würde beim anschließenden *Washing* sofort sichtbar.

Die Decals erhalten nach ihrem Auftrocknen einen Schutzüberzug aus Klarlack, der hier matt ist. Ist dieser vollständig durchgehärtet, lassen sich

Bild 6-19: Zum Hervorheben der Nähte und Nieten wird mit einem Terpentin-*Wash* über einem wasserverdünnten Acryllack gearbeitet oder mit einer wasserverdünnten Farbe über einem Lack mit organischem Lösungsmittel.

Bild 6-20: Der Rückgriff auf klassische Künstlermaterialien ist beim *Wash* kein Muss: Es gibt für alle gängigen Modellbauthemen passend vorbereitete Produkte.

Stöße und Nieten mit der Technik des *Washing* betonen (Bild 6-19). Neben den herkömmlichen Künstlermaterialien (s. Kap. 6, Seite 144) stehen dafür auch speziell für den Modellbau angebotene Produkte zur Verfügung. Neben Pigmenten sind dies flüssige *Wash*-Farben auf Öl- und Acrylfarbenbasis (Bild 6-20). Farblich ausgerichtet auf die unterschiedlichsten Modellbauthemen, können sie gute Dienste leisten.

Mit einem abschließenden, farblich sorgfältig abgestimmten Pigment-*Washing* über die gesamte Außenhaut

Bild 6-21: Die JB-110 nach dem abschließenden „ganzflächigen" Pigment-*Wash*. Mit diesem *Wash* bekommen auch die *Decals* ihre vorbildgetreue Patina, bevor alles mit Klarlack versiegelt wird.

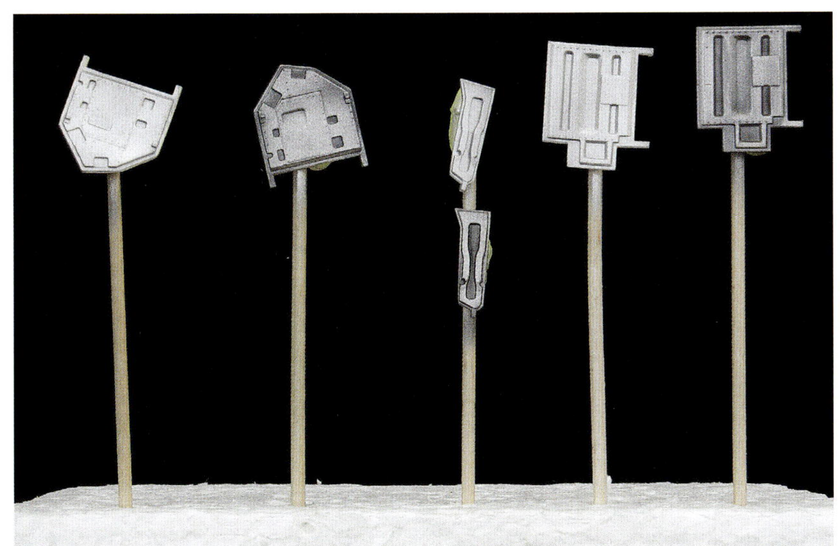

Bild 6-22: Zum Vergleichen: auf Zahnstochern aufgespießte Fahrwerksklappen vor und nach dem Altern mit Airbrush-Farben

der JB-110 bekommen auch die Decals ihre vorbildgetreue Patina (Bild 6-21).

Das Reduzieren unrealistischer Wirkungen

Schwarz eingefärbte Stöße und Nietlöcher wirken am Modell in der Regel zu stark und wirken unrealistisch. Die auf den Flächen verwendeten Farbtöne (gemeint sind nicht die eigentlichen Farben!) werden deshalb je nach Maßstab mehr oder minder stark abgedunkelt und leisten so als *Wash* gute Dienste. Aus diesem Grund ist auch

EXKURS: „Naturmetall"-Oberflächen

Eine Wissenschaft für sich sind – ohne farbigen Deckanstrich – die sog. „Naturmetall"-Oberflächen polierter Metallteile aus Aluminium, Chrom, rostfreiem Stahl und Eisen (auch: Kupfer, Gold und Bronze). Einfache Modellbaufarben mit Bezeichnungen wie *Eisen*, *Aluminium* oder *Silber* sind je nach Modell und Maßstab in ihrer Oberflächenwirkung manchmal schwach. Gut für die Darstellung polierter Metallteile können im Plastikmodellbau sog. *Metalizer* sein.

Diese *Metalizer* sind nicht unbedingt Modellbaufarben im herkömmlichen Sinne, da sie ohne entsprechende Bindemittel sein können. Sie müssen dann nach dem Spritzen mit einem dazugehörigen *Sealer* geschützt werden. Auch beim Einsatz dieser Produkte ist das eigene, intensive Ausprobieren und Üben letztlich wieder für den Erfolg ausschlaggebend. So ist zu prüfen, ob *Metalizer* erst nach Abschluss aller anderen Spritzarbeiten aufgetragen werden sollten und ob die „Naturmetall"-Oberflächen mit Weichmachern (für die Decals!) verträglich sind. Zum Ausprobieren unterschiedlicher Wirkungen gehören Überlegungen zum *Scale Effect* und dem Glanzgrad der Materialien.

So kann spiegelnder Glanz an einem kleinen Hydraulikteil sehr überzeugend, ein intensiv spiegelndes Flugzeug hingegen merkwürdig wirken. Aufgrund ihrer empfindlicheren Oberfläche dürfen *Metalizer* erst nach Abschluss aller anderen Maskierarbeiten aufgebracht werden. (Herstellerhinweise zur Sicherheit beachten!).

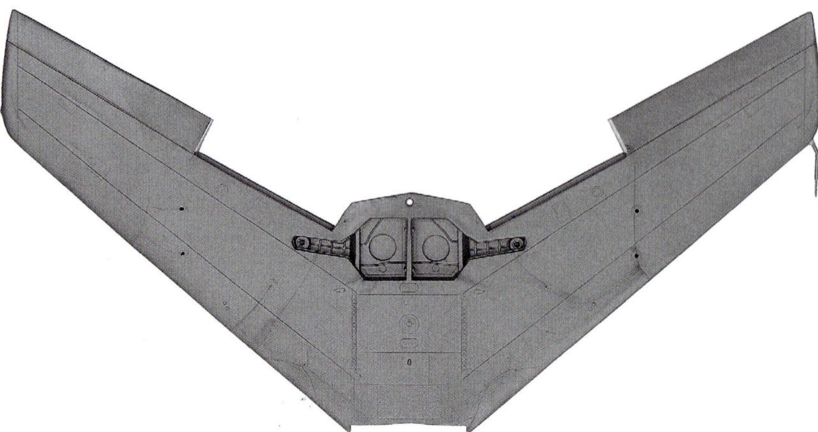

Bild 6-23: Die Tragflächen eines alten amerikanischen F-86 Modells. Bei aufwendigeren Vorschattierungen kann es empfehlenswert sein, das *Preshading* zumindest in Teilen vor der „Hochzeit" von Rumpf und Tragflächen anzulegen. Hier werden auch die Klappen (flaps) erst montiert, wenn die Flächen fast komplett vorschattiert sind.

die Option, einen feinen Bleistift anstatt Farben oder Pigmenten zu benutzen, bei farbigen Bauteilen nicht optimal. Zwar verschwindet der typische Glanz des Bleistifts beim nachträglichen Überspritzen mit Klarlack, der Bleistiftstrich fügt sich aber farblich nicht ein.

Für Alterung und plastische Wirkung der Fahrwerksklappen wurde Airbrush-Farbe hauchdünn auf eine gut haftende Farbe mit Aluminium-Charakter gespritzt und mit einem geeigneten Tuch oder weichen Radiergummi vorsichtig abgerieben.

Detailarbeiten an Flugzeugen allgemein

Das Vorschattieren

In vielen Flugzeug-Bauberichten wird die Farbgebung der Außenhaut mit einem sogenannten *Preshading*, also einem Vorschattieren, begonnen (Bild 6-23 und 6-24). Eine solche Vorgehensweise kann die unterschiedlichen Oberflächenbeschaffenheiten von an sich gleichartigen Bauteilen nachstellen (Bild 6-25) und die Plastizität von Bauteilen optisch betonen. Ob und inwieweit eine solche Arbeitsweise sinn-

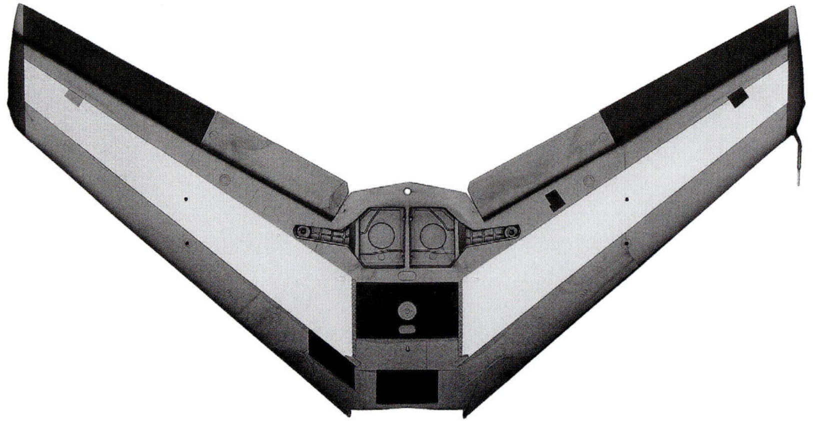

Bild 6-24: Spachtel, *Filler*, PlasticCard und ggf. Zurüstteile erhalten die gleiche Grundfarbe wie das eigentliche Bauteil, bevor mit dem *Preshading* begonnen wird. Die dunklen, gradlinig gespritzten Schattierungen an den Klappeninnenseiten entstanden mithilfe eines Metalllineals. Auf der Tuschekante des Lineals wurde der Airbrush mit aufgesetzter Linealführung (s. Bild 7-9) entlanggezogen.

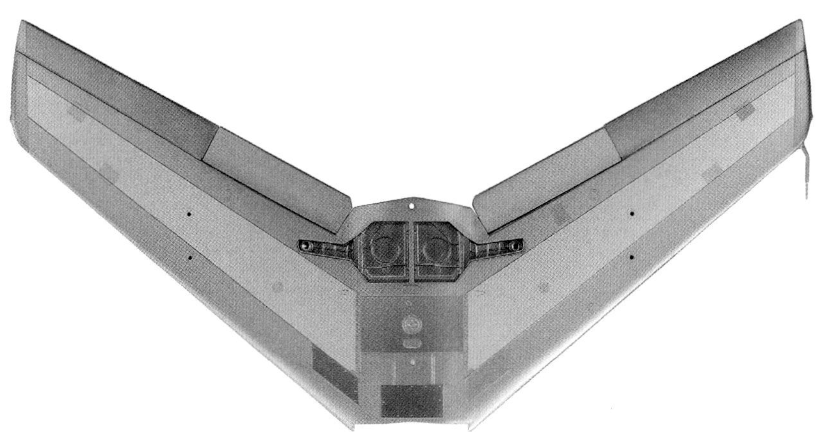

Bild 6-25-1: Eine farblich fein nuancierte „Metalloberfläche". Je nach Lichteinfall zeigen sich die Unterschiede in der Oberfläche verschieden stark und damit sehr vorbildgetreu. Wenn eine sehr gute Passgenauigkeit gewährleistet ist, lässt sich die Farbgebung auf Tragflächen und Rumpf auch vor dem Zusammenfügen weitestgehend fertigstellen. Wie es mit den Fahrwerksschächten weitergehen kann, ist ab Bild 6-16 zu sehen.

voll ist und gelingen kann, hängt von verschiedenen Faktoren ab.

Eine zentrale Rolle spielt die Deckkraft der jeweiligen Farbe(n) über dem *Preshading* und die Art, wie gespritzt wird (lasierend oder Vollton). Sollen mehrere Farben zu einem Tarnmuster übereinandergelegt werden, hat sich das Thema *Preshading* oft schon von vornherein erledigt, denn eine Vor-

Bild 6-25-2: Auf einem bei Wikipedia freigegebenen historischen Foto (1953) als Vorlage sind die Tragflächen nun von oben zu sehen. Im Vergleich zum Weiß und Schwarz der Hoheitszeichen (*national insignia*) lassen sich die unterschiedlichen „Grauwerte" der Metallic-Töne gut ablesen. Die Landeklappen (*flaps*) reflektieren durch ihren Anstellwinkel das seitliche Licht direkt.

Bild 6-25-3: „Naturmetall"-Oberflächen zeigen auf Modellen jeden noch so kleinen Bau- und Spritzfehler. Nur sehr sorgfältig und sauber gebaute Modelle, bei denen auch der *Scale Effect* entsprechend berücksichtigt wurde, können später überzeugen. Betriebsspuren sorgen für ein vorbildgerechtes Aussehen.

schattierung verschwindet wahrscheinlich komplett. Aber selbst wenn mit nur einer Farbe überspritzt wird, kann ein *Preshading* natürlich „spurlos" verschwinden.

Eine Alternative bietet hier die Möglichkeit, die Vorschattierung unter stark deckenden Farben erst dann auszuführen, wenn mit der zum Abschluss zu spritzenden Farbe schon vorab eine gewisse Deckung auf dem Bauteil erreicht ist. Wann und mit welchen Farbtönen ein *Preshading* die gewünschte Wirkung erzielt, lässt sich in Vorversuchen herausfinden (s. dazu: *Spritzversuche auf Testmaterial*, S. 49 ff).

Das Maskieren von Flugzeugkanzeln

Neben dem sicheren Umgang mit Farben gehört das Thema Maskieren oftmals zu den eigentlichen Herausforderungen beim Arbeiten mit dem Airbrush. Neben kreativen Lösungen ist häufig sehr präzises Arbeiten gefragt, wenn das Ergebnis stimmig ausfallen

Bild 6-26: Unterhalb der präzise ausgeführten Kanzel ist der Rumpf hinter der Auspuffanlage rußgeschwärzt.

soll. Das Maskieren für Kanzelverstrebungen auf Flugzeugkanzeln gehört zu den Arbeitsgängen, die keine Fehler zulassen. Deshalb kommt es vielen im Plastikmodellbau entgegen, dass es von verschiedenen Herstellern vorgefertigte Masken für unterschiedlichste Spritzaufgaben gibt. Dazu gehören selbstklebende Maskierfilmschablonen für das Lackieren der Kanzelverstrebungen an zahlreichen Flugzeugen. Diese Schablonen sind bereits vorgeschnitten und werden vom Trägermaterial aus direkt auf der abzudeckenden Fläche positioniert.

Die Darstellung von Ruß

Unterhalb der exakt ausgeführten Kanzel auf dem Foto 6-26 ist der Rumpf hinter der Auspuffanlage stark verrußt dargestellt. Dieser Ruß tendiert aufgrund unterschiedlicher Vergaserein-

Bild 6-27: Historische *Boeing B-29A Superfortress* mit Abnutzungserscheinungen, hergestellt durch Trockenmalen

Bild 6-28: Zum Baukasten der *B-25J Mitchell* gehört ein Decal für die *Nose Art* dieses Flugzeugs.

Bild 6-29: *Nose Art:* das Pin-up-Girl für die *B-25J Mitchell* mit Größenvergleich und -angabe

stellungen in verschiedene Farbrichtungen und wird durch das Beachten dieser Tatsache „lebendig“. Herausarbeiten lässt sich eine solche Verschmutzung des Rumpfes entweder durch feinste Farbaufträge mit dem Airbrush, mit Pigmenten oder mit zerriebenen Pastellkreiden, wie bereits für die Unterseite der *Sabre* JB-110 beschrieben.

Das Trockenmalen

Eine weitere Möglichkeit bietet das sog. Trockenmalen (*drybrushing*). Hierzu wird etwas (angedickte) Farbe mit dem Pinsel aufgenommen, der dann auf einem saugfähigen Tuch wieder ausgedrückt wird, sodass nur minimale Farbreste an den Pinselhaaren

Bild 6-31: *Nose Art:* Vorlagen und Silhouetten von Pin-up-Girls zum Kopieren.

verbleiben. Mit diesem fast trockenen Pinsel wird die Oberfläche in einer ganzen Reihe von Arbeitsgängen gestaltet. Das Versiegeln dieser Farbaufträge erfolgt dann ggf. wieder mit Klarlack und dem Airbrush.

Mehr noch als zum flächigen Arbeiten wird das Trockenmalen zum Darstellen abgestoßener Kanten, schadhafter Lackierungen und zum Betonen hervorstehender Details benutzt. An der historischen *Boeing B-29A Superfortress* mit dem bezeichnenden Namen *Heavenly Laden* (engl.: *laden* = dt: beladen) sind es die Propellerkanten, die abgestoßenen Motorenverkleidungen und die verschmutzte Arbeitsbühne, die mit dieser Technik ihr realistisches Aussehen erhalten haben.

Nose Art – Pin-up-Design auf der Flugzeugnase

Interessant ist an der *Heavenly Laden* aber noch etwas ganz anderes: die *Nose Art*. Frauendarstellungen mit dazugehörigen Wortspielen finden sich ab 1940 in sehr unterschiedlicher Qualität und Größe auf einer großen Zahl von Flugzeugen der US-Streitkräfte. Teamgeist und Moral sollten durch diese zugelassene Individualisierung von Flugzeugen und ihren Besatzungen mit dem Gefühl der besonderen Stellung gestärkt werden. Als Vorbilder für *Nose Art* dienten meist die Pin-ups aus den Kalendern jener Zeit.

Anhand dieser Flugzeugfotos und der Decals wird schnell klar, dass eine individuelle *Nose Art* für eigene Flugzeugmodelle durchaus machbar ist. Die Silhouetten auf der Vorlage im Bild 6-31 lassen sich auf die erforderliche Größe umkopieren und mithilfe von Maskierfilm auf einen Flugzeugrumpf spritzen. Ein Schriftzug und farbliche Akzente mit dem Pinsel vervollständigen das Werk. Das ist natürlich auch auf Fahrzeugmodellen, auf Reklametafeln fürs Diorama oder bei der Eisenbahn möglich.

Bild 6-30: ***Nose Art:*** **Eine Auswahl von Vorlagenfotos mit Pin-up-Girls. Die sog. Varga-Girls des Künstlers Alberto Vargas (zu sehen hinter dem lesenden Piloten und auf div. Flugzeugen) waren prägend für die 1940er-Jahre.**

Bild 6-32: Komatsu G40 Bulldozer im Maßstab 1:48

Bulldozermodell: Ein Plädoyer für Künstlermaterialien

Manch ein Modell, von einem Modellbaukollegen mit viel Liebe zum Detail und großem Zeitaufwand gebaut, ist eines längeren Vitrinendaseins würdig. Umso betrüblicher ist es dann, wenn ein wirklich schönes Modell aufgrund der verwendeten Materialien nur eine begrenzte „Lebensdauer" hat.

Bei den Künstlerfarben sind aus der Malerei die zentralen Kriterien der Lichtechtheit und Haftfestigkeit bekannt. Kein ernsthafter Künstler wird ein Bild malen wollen, das seine Farbe resp. Farbigkeit innerhalb eines überschaubaren Zeitraumes verliert.

Chemisches Vabanque-Spiel?

Modellbaufarben namhafter Anbieter werden diese Anforderungen in der Regel erfüllen. Nur: Wer hat jemals einen fundierten Langzeittest über das Verhalten von Modellbaufarben unter und auf Haarsprays unterschiedlicher Hersteller vorgelegt? Ist es also sinnvoll, Haarspray zu verwenden, um Farbe stellenweise abplatzen zu lassen? (Wie ist es um die Lichtbeständigkeit und Dauerhaftigkeit von Fußbodenpflegemitteln bestellt, die leicht beschädigte Klarsichtteile im ersten Moment wieder so klar werden lassen?)

Diese Fragen waren mit entscheidend für die ausschließliche Verwendung hochwertiger Künstlermaterialien beim Bemalen des Komatsu G40

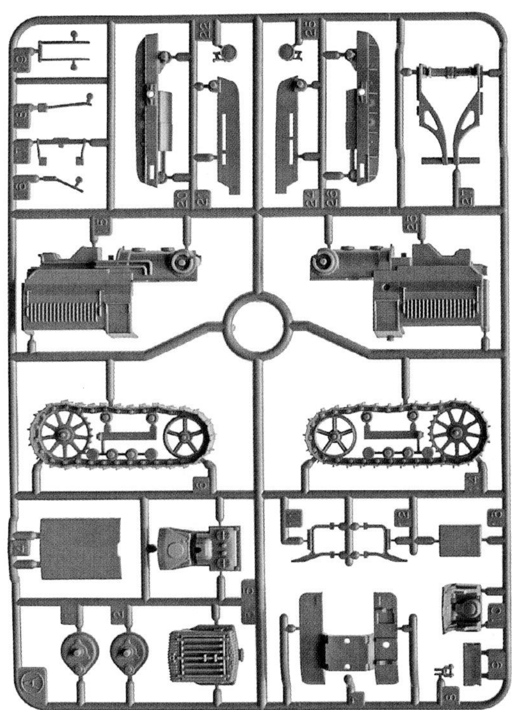

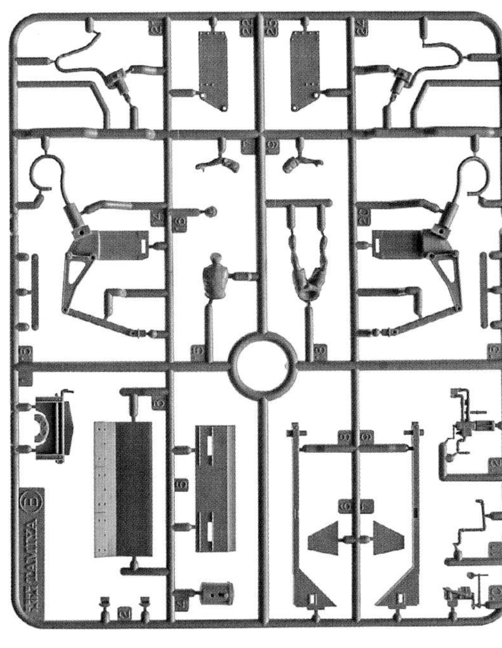

Bild 6-33: Die Bauteile für den Bulldozer, verteilt auf zwei Spritzrahmen

Bulldozers von Tamiya. Hinzu kommt, dass sich die gewünschten Farbaufträge damit sehr gezielt herausarbeiten ließen und sehr wenig dem Zufall überlassen blieb.

Die Vorbilder

Baumaschinen gehören zu allen Zeiten zu den Gerätschaften, die extrem beansprucht und in ganz unterschiedlichem Maße gepflegt sein können. Betriebsspuren zeigen eigentlich alle schnell und mit zunehmender Betriebsdauer immer deutlicher. Natürlich gibt es auf Baustellen auch neuwertig aussehende Maschinen, die bis auf ein paar staubige Ablagerungen recht unbenutzt wirken. Für viele im Betrieb befindliche Baufahrzeuge aber gilt: Neben Schmutzablagerungen, die viel vom jeweiligen Einsatz(ort) zeigen, finden wir deutliche Lack- und Rostschäden sowie ganz unterschiedlich blank gescheuerte Metallteile. Hinzu kommen vielleicht nachlackierte Karosserieteile, verstaubte Lampen, von denen manchmal schon die eine oder andere einmal ersetzt wurde, und Rückstände von Betriebsstoffen, die über einzelne Bauteile gelaufen sind. Stark beanspruchte Schläuche sowie Polster-, Gummi- und Kunststoffteile in ganz unterschiedlichem Zustand runden das Bild ab.

Das Modell

Der Bausatz des Komatsu-Bulldozers besteht aus 48 einheitlich grauen Plastikteilen. Diese verteilen sich auf zwei Spritzrahmen, die zudem fünf Bauteile

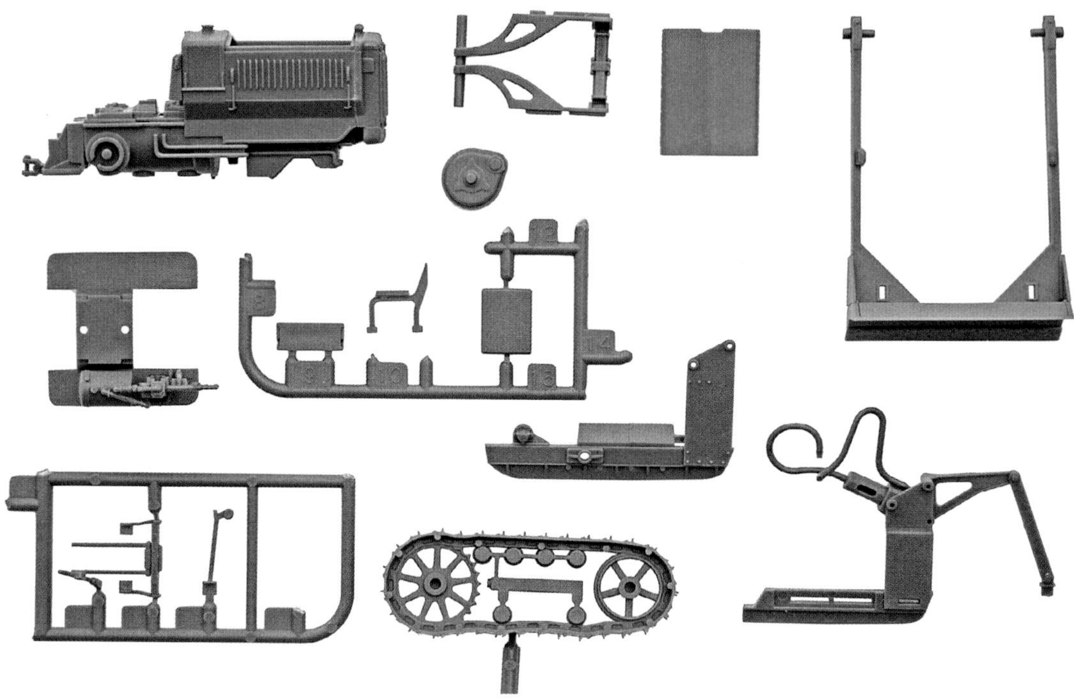

Bild 6-34: Die Baugruppen: Motorraum mit Getriebe, die Schaufelkonstruktion, die Hydraulikarme mit Zylindern, Sitzelemente, die Sitzplattform mit seitlichem Tank und Steuerventil sowie das Kettenlaufwerk

für die Figur des Fahrers enthalten. Alle Teile sind sauber und passgenau gespritzt, sodass wenig Nacharbeit anfällt.

Vorsicht ist lediglich beim Abtrennen der Kettenteile von den Gießästen geboten. Hier ist Fingerspitzengefühl gefragt, um die Kette nicht zu beschädigen. Gleiches gilt für die nach oben stehende Handkurbel über dem Steuerventil (B12). Die Lampenhalterungen, die Bedienungshebel und die Sitzauflagen verbleiben für die weitere Bearbeitung erst einmal am Spritzling.

Die Bauplanung

Die Vorstellung, wie das fertige Modell aussehen soll, ist entscheidend für die weitere Vorgehensweise. Für eine farbig lackierte und vom Einsatz deutlich gezeichnete Planierraupe ist es sinnvoll, anhand der übersichtlichen Bauanleitung gezielt einzelne Baugruppen für die Farbgebung vorzubereiten. Die mit unterschiedlichen Farbsorten behandelten Elemente werden dann ganz zum Schluss Stück für Stück zusammengesetzt.

Der Rahmen mit Getriebe, Motorraum und Kühler bildet die erste Baugruppe. Die Kraftübertragung, die Achse mit Blattfeder und die Motorhaube werden noch nicht angefügt. Grund dafür ist bei der Motorhaube beispielsweise, dass diese am Ende „nachlackiert" wirken soll und deshalb später einen leicht helleren Lackton bekommt.

Die Schaufelkonstruktion, die Hydraulikarme mit ihren Zylindern, die Sitzelemente, die Sitzplattform mit seitlichem Tank und Steuerventil sowie das Kettenlaufwerk bilden weitere Baugruppen.

Am Gießast

Das Kettenlaufwerk wurde zusammen mit dem mittig ankommenden Gießast aus dem Spritzrahmen herausgetrennt. Eine wichtige Frage, bevor es mit dem Auftragen von Farben losgehen kann, ist stets: Wie halte ich die zu bemalenden Teile sinnvollerweise fest? Hier wurde zu diesem Zweck der verbliebene Gießast einfach mit einem weiteren Stück Gießast aus dem Spritzrahmen verlängert (Bild 6-35). Die kleine Ansatzstelle, die so auf der fertigen Kette erst einmal unlackiert bleibt, ist später leicht ausgefleckt und nicht mehr sichtbar.

Ebenfalls noch am Gießast hängen die beiden wahlweise anzubauenden Scheinwerfer. Diese werden auf ihrer Vorderseite entgegen der Bedienungsanleitung nicht mit der Farbe „Chrom-Silber“ bemalt. Vielmehr wurden die flachen Lampengehäuse aufgebohrt, um kleine Linsen aufzunehmen (Bild 6-36). Die Rückseite der Scheinwerfer lässt sich nach dem Einkleben der Linsen mit Flüssigspachtel gut modellieren, und auch eine kleine Beule kann mit eingearbeitet werden.

Mit den eingesetzten Linsen wirken die Scheinwerfer, als ob sie mit echten Reflektoren bestückt seien. Nachzuarbeiten sind auch die Hydraulikelemente. Beim Montieren der ersten Baugruppe fiel auf, dass die Verbindung zwischen Schlauch und Zylinder-

Bild 6-35: Mit einem verlängerten Gießast aus dem Spritzrahmen werden die Kettenlaufwerke beim Bemalen festgehalten.

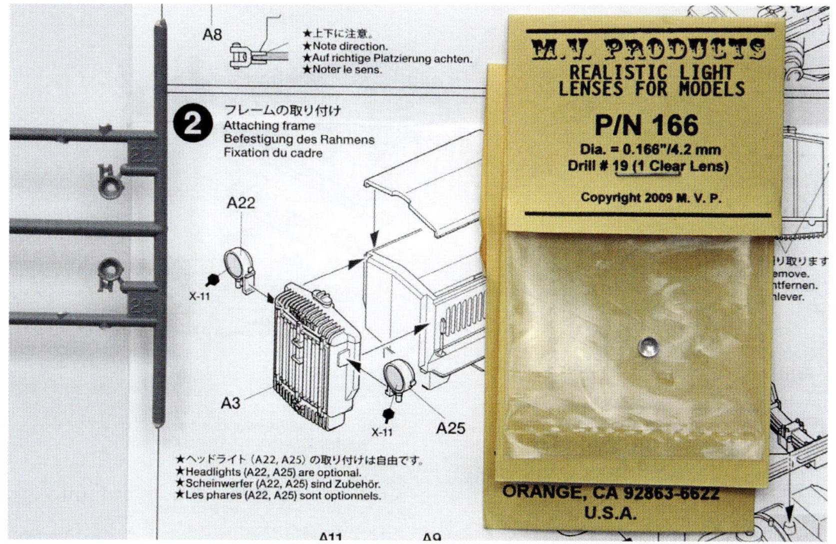

Bild 6-36: Die flachen Lampengehäuse wurden aufgebohrt, um die kleinen Linsen aufzunehmen.

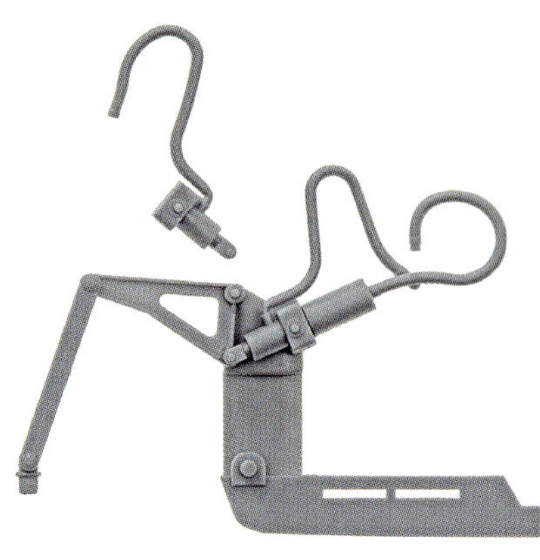

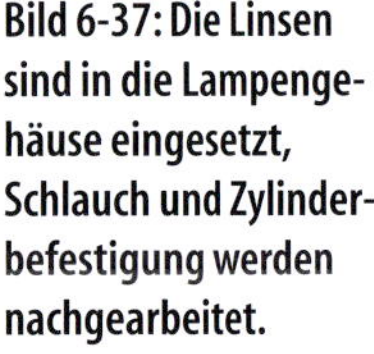

Bild 6-37: Die Linsen sind in die Lampengehäuse eingesetzt, Schlauch und Zylinderbefestigung werden nachgearbeitet.

befestigung nicht stimmig wirkt. Das nachträgliche Herausarbeiten und Entgraten, wie auch das Vorbereiten des zweiten Bauteils ist entsprechend vorsichtig anzugehen, damit der Schlauch nicht abbricht.

Die „Grundierung"

Das Lackieren geht mit der blanken Metallfläche am Räumschild vorn / unten los. Die ganzen anderen Bauelemente erhalten als „Grundierung" einen „Altrost"-Ton. Kleinere, noch vorhandene Fehler an Teilen, die verschliffen und gegebenenfalls gespachtelt wurden, treten mit dem ersten feinen Farbauftrag deutlich zutage. Das Kontrollieren wie auch das Nacharbeiten wird damit einfacher. An der Baugruppe Chassis / Getriebe / Motorraum war zudem das obere „Blechkleid" an Stellen, die vor den später einzuklebenden Steuerhebeln liegen, angeschliffen worden, um verzogene Blechstöße und eine leicht eingedrückte Oberfläche darzustellen. Um dieses Bauteil gegebenenfalls auch beim weiteren Bearbeiten problemlos halten zu können, werden die Lampen erst nach Abschluss dieser Arbeiten angesetzt.

Zum Abdecken der Gläser in den Scheinwerfern eignet sich flüssiger Maskierfilm (Rubbelkrepp) sehr gut. Aufgetragen nach dem Ankleben der Lampen verbleibt diese Maskierung bis zum Ende der Lackierarbeiten auf den Linsen.

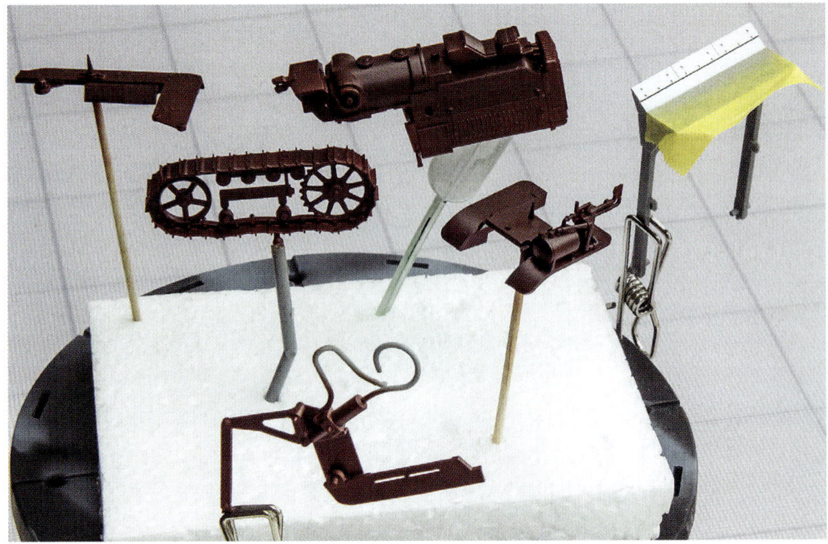

Bild 6-38: Das Räumschild erhält in der unteren Hälfte eine blanke Metallfläche. Die anderen Baugruppen erhalten als ersten Farbauftrag einen „Altrost"-Ton.

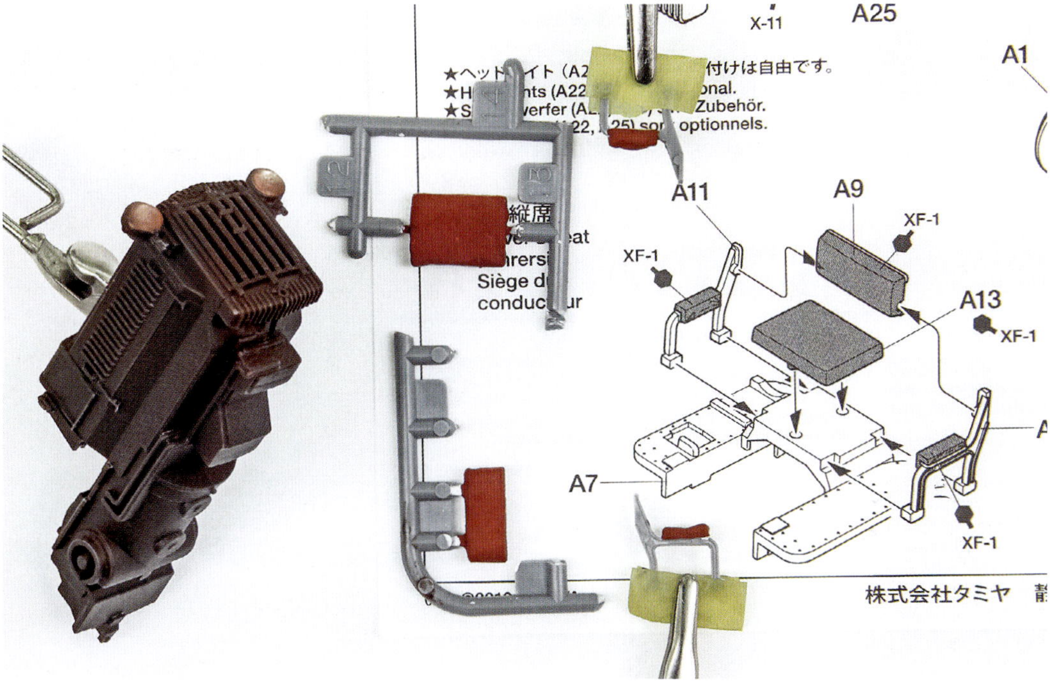

Bild 6-39: Die Gläser der Scheinwerfer werden mit flüssigem Maskierfilm geschützt. Die Sitzpolster erhalten einen rötlichen Braunton als Grundfarbe.

Die Sitzpolster verlieren ihr neuwertiges Aussehen, indem sie abgeschliffen und mit 2-Komponenten-Modelliermasse neu geformt werden. So erhalten sie die „Rundungen", die beim Original durch einen langen Gebrauch entstehen. In der Bauanleitung ist diesen Teilen die Farbe Mattschwarz zugedacht. Verwendet wird hier ein sehr rötlicher Braunton als Grundfarbe für das

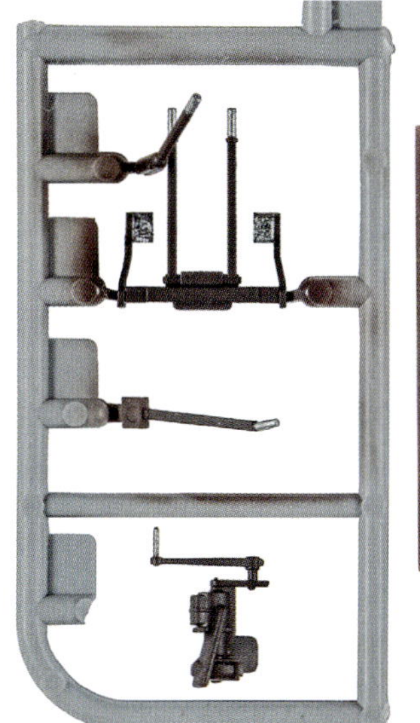

Bild 6-40: Starterkurbel, Pedale, Steuerhebel und Kettenlaufwerke mit metallisch glänzendem Farbauftrag. Das körnige Spritzbild auf dem Räumschild entsteht mithilfe einer Sprenkelkappe.

Bild 6-41: Künstler-Aquarellfarben werden an den Stellen, an denen die Farbe abplatzen soll, mittels feiner Aquarellpinsel aufgetragen. Die größeren Pinsel helfen beim späteren Anlösen.

schmutzige Braun einer alten Polsterung. Um die Armlehnen zum Bearbeiten gut halten zu können, fixieren zwei gegeneinandergeklebte Streifen Masking Tape die Streben in einer Krokodilklemme.

Starterkurbel, Pedale und Steuerhebel sowie die Kettenlaufwerke erhalten jetzt an den Stellen, an denen das Eisen durch den Gebrauch blank liegt, einen metallisch schimmernden Farbauftrag. Solche Farbaufträge verraten deutlich, an welchen Stellen die Oberflächen noch nicht optimal sind und wo ggf. nachgearbeitet werden sollte.

Auf der Vorderseite vom Räumschild, oberhalb der aufgesetzten Stahlplatten, entsteht durch Sprenkeln mit dem Airbrush der körnige Farbverlauf (siehe den Abschnitt über *Das Sprenkeln*, Seite 120).

Die Absprengtechnik

Die verrosteten Kanten, Kratzer und Stoßstellen werden mithilfe einer „Absprengtechnik“ ganz gezielt dargestellt. Ein mit Künstler-Aquarellfarben recht trocken ausgeführter Farbauftrag kommt dazu auf die Stellen, an denen später der Rost zu sehen ist. Dabei spielt der Farbton der eingesetzten Farbe eine eher untergeordnete Rolle: Wichtig ist nur, dass die aufgetragene Farbschicht erst einmal gut erkennbar ist, um die Pinselarbeit leicht überprüfen zu können. Feine und feinste Aquarellpinsel ermöglichen ein äußerst präzises Arbeiten.

Nach dem Durchtrocknen der Aquarellfarben erhält das Modell mit Acryl- oder Enamel-Farben seine farbige Lackierung. Sobald dieser Farbauftrag überarbeitet werden kann, wird mit et-

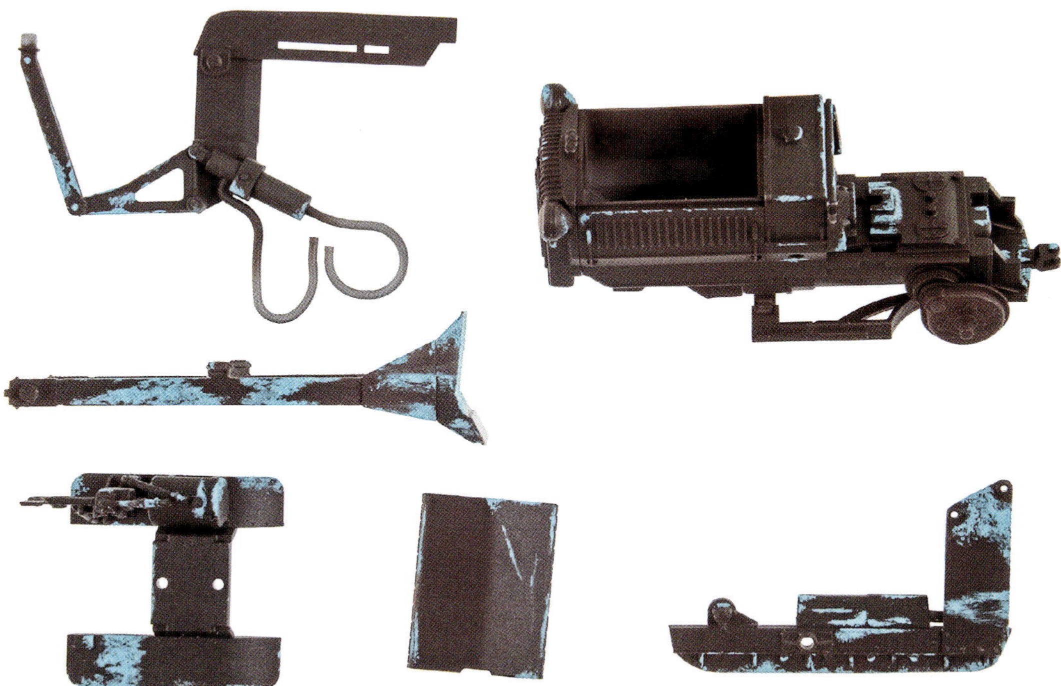

was dickeren und vielleicht auch härteren Pinseln Wasser über die Oberfläche gestrichen, bis die überlackierte Aquarellfarbe angelöst wird und die darüber liegende Lackschicht dadurch abplatzt.

Der Aquarellfarbton „Kobaldtürkis" ist auf der rostroten Farbschicht hervorragend zu sehen. Selbst feinste Farbaufträge zeichnen sich deutlich ab und lassen sich auf eine ausreichende Farbschichtstärke hin leicht überprüfen. Der gezielte Farbauftrag mit Pinseln, die entweder gezogen oder mit denen senkrecht aufgetupft wird, stellt sicher, dass Schadstellen nicht zufällig, sondern wirklich nur an den Stellen auftauchen, wo sie auch beim großen Vorbild anzutreffen sind. Dazu gehören beispielsweise die Lackschäden, die beim Aufsteigen auf den Bulldozer bzw. im Fußraum vor dem Sitz durch

Bild 6-42: Der Aquarellfarbton „Kobalttürkis" ist auf der rostroten Farbschicht gut zu sehen. Das ist wichtig, damit man das Arbeitsergebnis leicht kontrollieren kann.

Bild 6-43: Maskierband ergänzt die aufgetragene Aquarellfarbe.

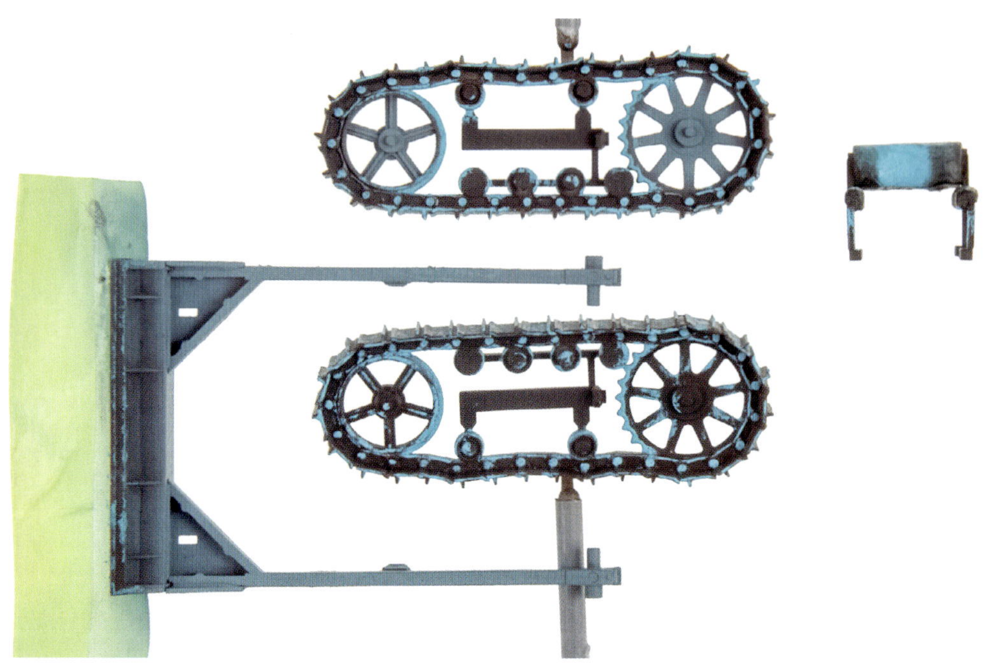

Bild 6-44: Die Polster sind mit der Aquarellfarbe geschützt, weitere Roststellen abgedeckt und erste Lackstellen gespritzt.

die verschmutzten Stiefel des Fahrers entstehen. Auch Steine und Abraum, die seitlich an den Schaufelarmen entlangschrammen, gehören zu den vielfältigen Verursachern von Roststellen.

An den Pedalen und Bedienungshebeln sind es die blanken Metallflächen oder die Rostpartien, die unter dem abgeriebenen resp. abgestoßenen Farbauftrag des Vorbildes zu Tage kommen

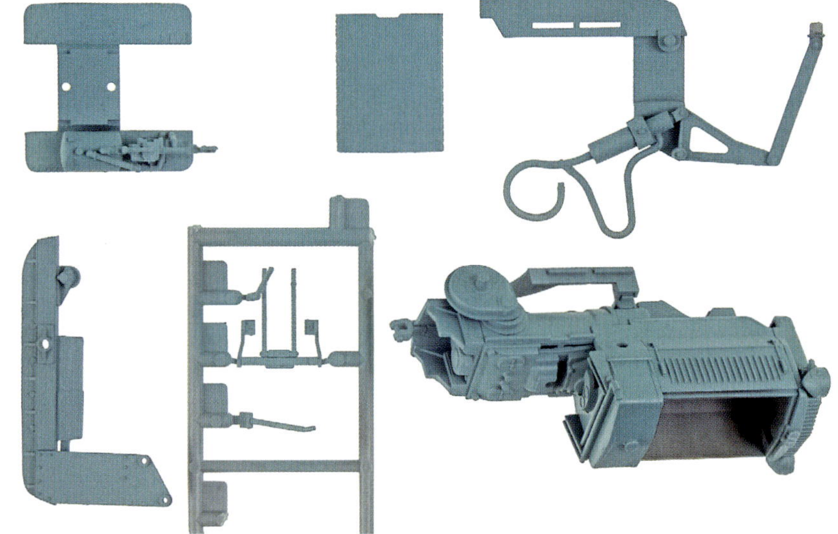

Bild 6-45: Der Lackton wird über den vorbereiteten Bauteilen gespritzt.

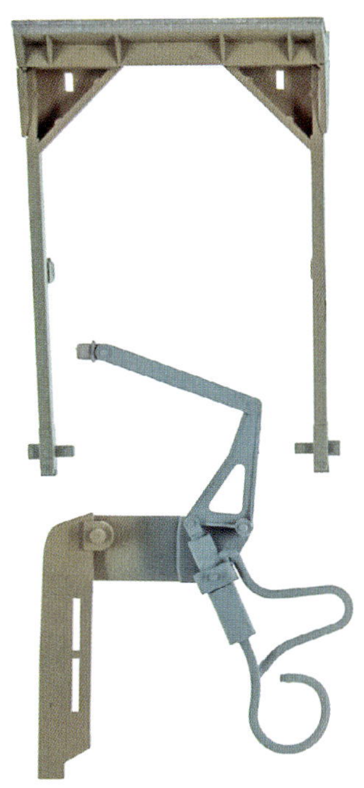

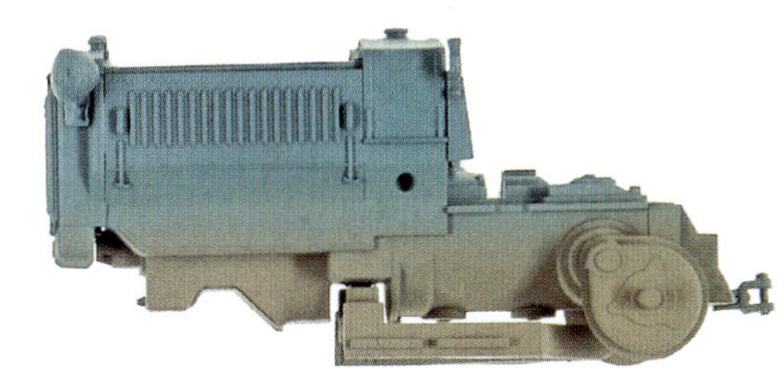

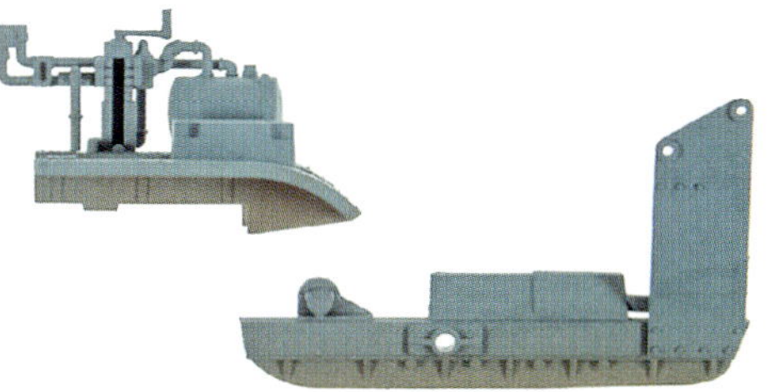

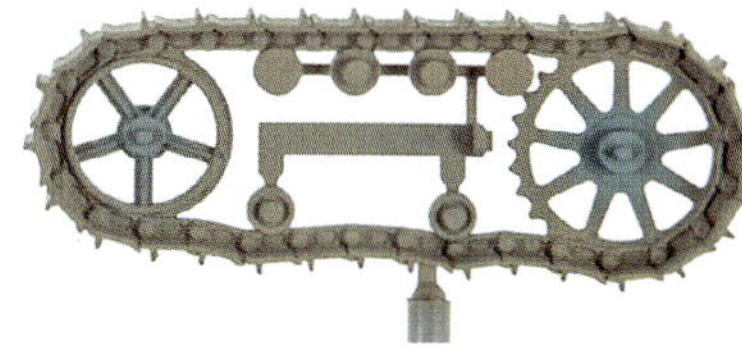

Bild 6-46: Über diese Lackierung wird im unteren Bereich der Bauelemente ein lehmiger Sandton gespritzt, um eine stärkere Schmutzschicht darzustellen.

Bild 6-47: Durch das Anlösen der Aquarellfarbe mit Wasser werden die darüber liegenden Farbschichten an diesen Stellen nun abgesprengt.

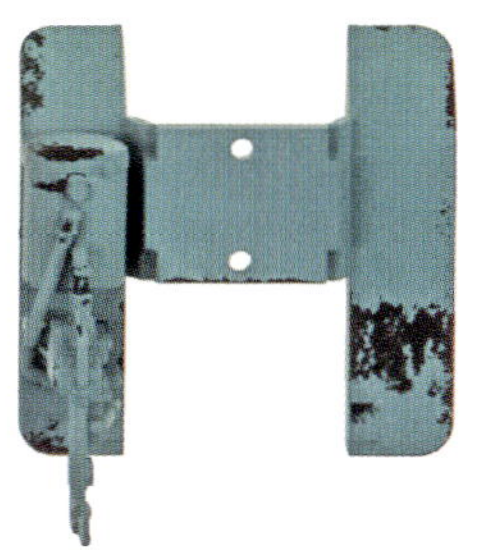

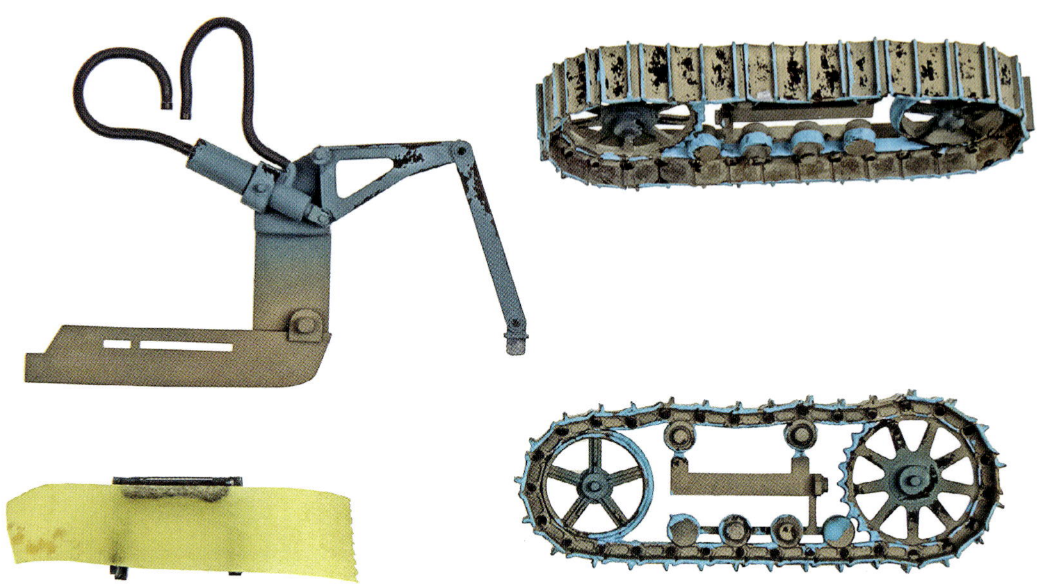

Bild 6-48: Nochmaliges Maskieren der später blanken Metallpartien mit der türkisblauen Aquarellfarbe.

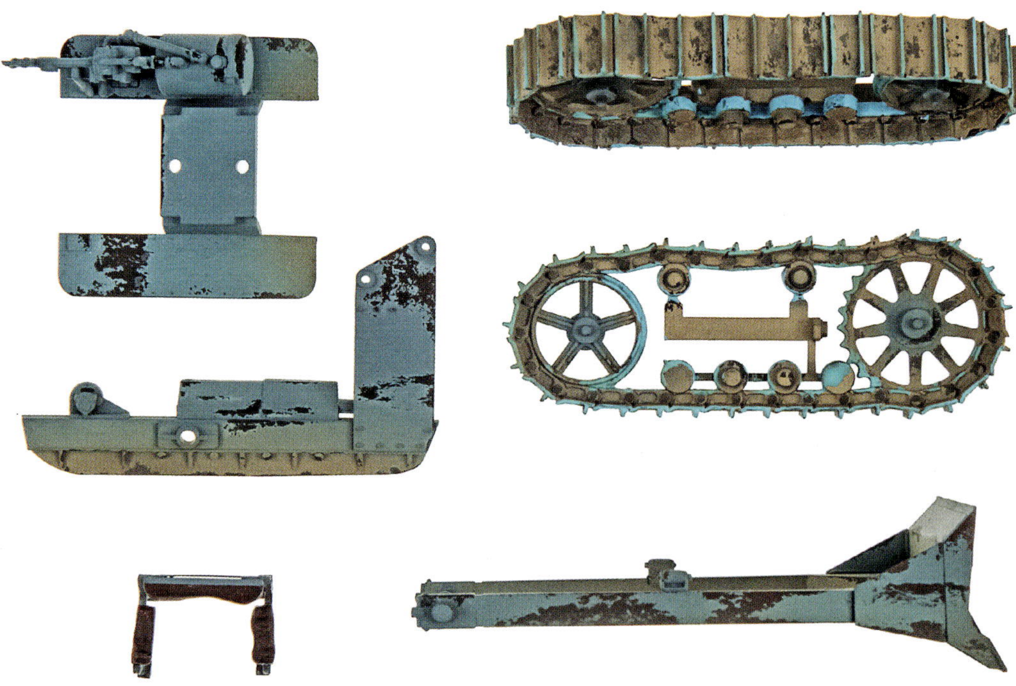

Bild 6-49: Weitere schmutzig-braune und unterschiedlich deckende Farbaufträge sind hinzugekommen.

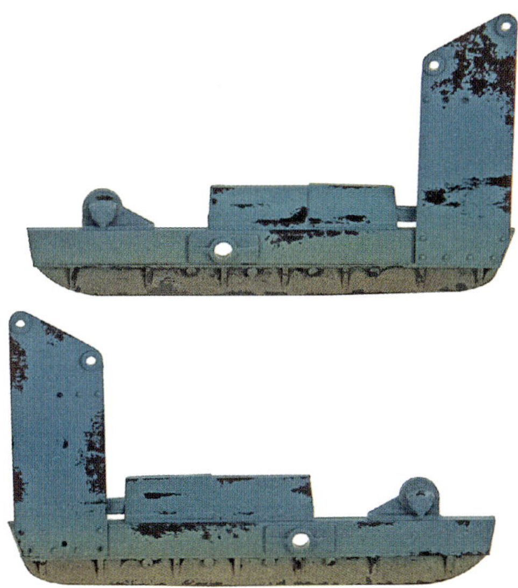

Bild 6-50: Der Kühler und viele Details des Modells werden mit einem *Washing* herausgearbeitet.

und deshalb hier maskiert werden. Auf der Vorderseite des Räumschilds wird der nach unten hin verdichtete Aquarellfarbauftrag einfach mit einem Maskierband fortgeführt.

An der Unterseite des Räumschilds erhalten die rostigen Kanten, auf den Kettenlaufwerken die blank liegenden Metallteile und die Roststellen eine Maskierung mit Aquarellfarbe. Auf einem der Kettenlaufwerke ist bereits zu sehen, inwieweit dort anschließend mit dem Farbton der Bulldozerlackierung gespritzt wird. Auch das Räumschildelement hat bereits den Lackton erhalten – über der Maskierung geht es nun mit einem Eisenton weiter.

Beim Sitz wurden die Polster schon für das Aufbringen des Rosttons mit der Aquarellfarbe geschützt, bevor jetzt die Roststellen zusätzlich maskiert werden.

Die Lackierung

Außer dem Schaufelelement und den Kettenlaufwerken erhalten nun alle so vorbereiteten Baugruppen ihre Lackierung als einen einheitlichen, an manchen Stellen im Farbton vielleicht auch bewusst etwas variierten Farbauftrag.

Über diese Lackierung wird im unteren Bereich der Planierraupe ein lehmiger Sandton gespritzt, um eine staubige Schmutzschicht darzustellen. Die Kettenelemente werden in diesen Arbeitsgang mit einbezogen. Schaufel und Kettenlaufwerke haben hier beim Vorbild Staub und Lehm aufgewirbelt, was auch auf den umliegenden Maschinenteilen zu entsprechenden Verschmutzungen führte.

Durch das Anlösen der Aquarellfarbe mit Wasser werden die darüber liegenden Farbschichten an diesen Stellen nun abgesprengt – die gewünschten

Bild 6-51: In Strukturweiß wird so lange Pigmentpulver gegeben, bis der passende Farbton und die gewünschte Konsistenz erreicht sind.

Roststellen und blanken Metallteile kommen zum Vorschein. Dazu wird mit geeigneten Pinseln so lange Wasser auf die Oberflächen aufgestrichen, bis das Wasser unter die Lackierung gelangt ist. Dafür ist manchmal auch ein wenig Geduld hilfreich.

Auf den verschmutzten Bulldozerteilen sind die „sauberen" Roststellen natürlich wenig realistisch, denn auf ihnen sollte dieselbe Schmutzschicht wie über der Lackierung liegen.

Viele Schmutzablagerungen

Bevor es fast ausschließlich mit den Themen Staub, Erde und Schlamm weitergeht, bekommen die Hydraulikschläuche mithilfe des Airbrushs den stumpfen Anthrazitton älteren Gummis und die Rückenplatte der Sitzlehne einen geradlinig abschließenden Farbauftrag im Lackfarbton.

Im Gegensatz zu den Roststellen in den verdreckten Fahrzeugbereichen sollen die blanken Metallpartien selbstver-

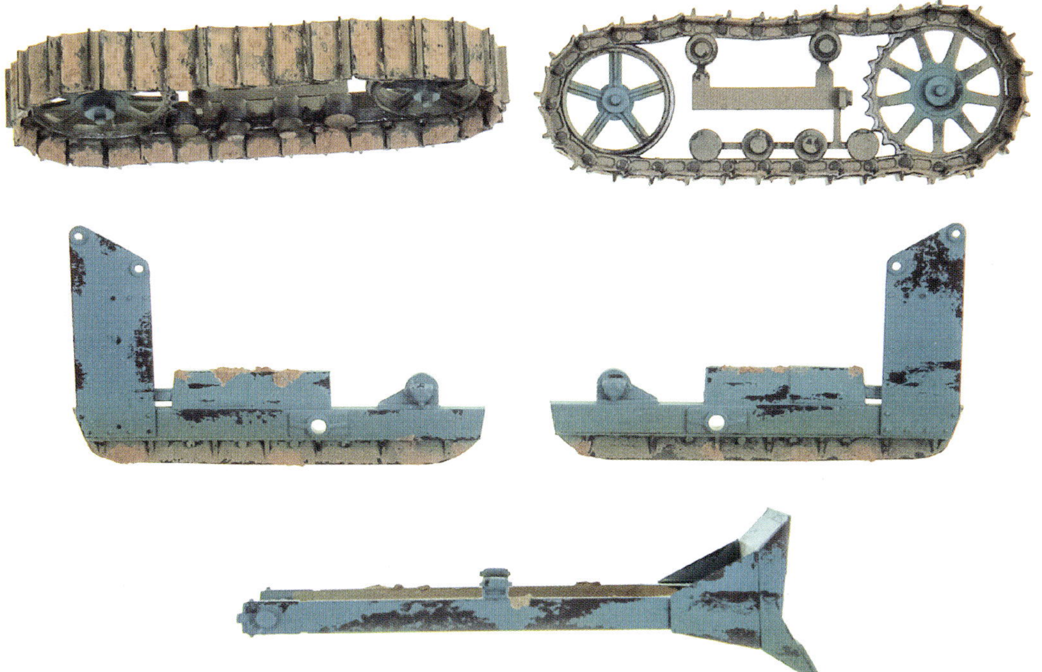

ständlich sauber bleiben – sie müssen also vor dem Überspritzen der verschmutzten Bauteile nochmals maskiert werden, was sich mit Aquarellfarbe wieder gut bewerkstelligen lässt. Beim Auftragen der nächsten Staub-/Schmutzschicht ist darauf zu achten, dass diese Farbschicht unterschiedlich deckend, aber überall noch ausreichend transparent ausfällt. Auch die Sitzpolster haben, bevor das Stuhlgestänge den Lackfarbton bekam, einen verlaufenden, schmutzig-braunen Farbauftrag mit variierender Deckkraft erhalten.

Bild 6-52: Lehmklumpen kommen auf die Baugruppen, bevor sie zusammengesetzt werden.

Bild 6-53: *Washings* auf dem Antrieb, dem Unterbau, dem Tank, der Ventilkonstruktion und dem Vorbau, bevor die übrigen Baugruppen angesetzt werden.

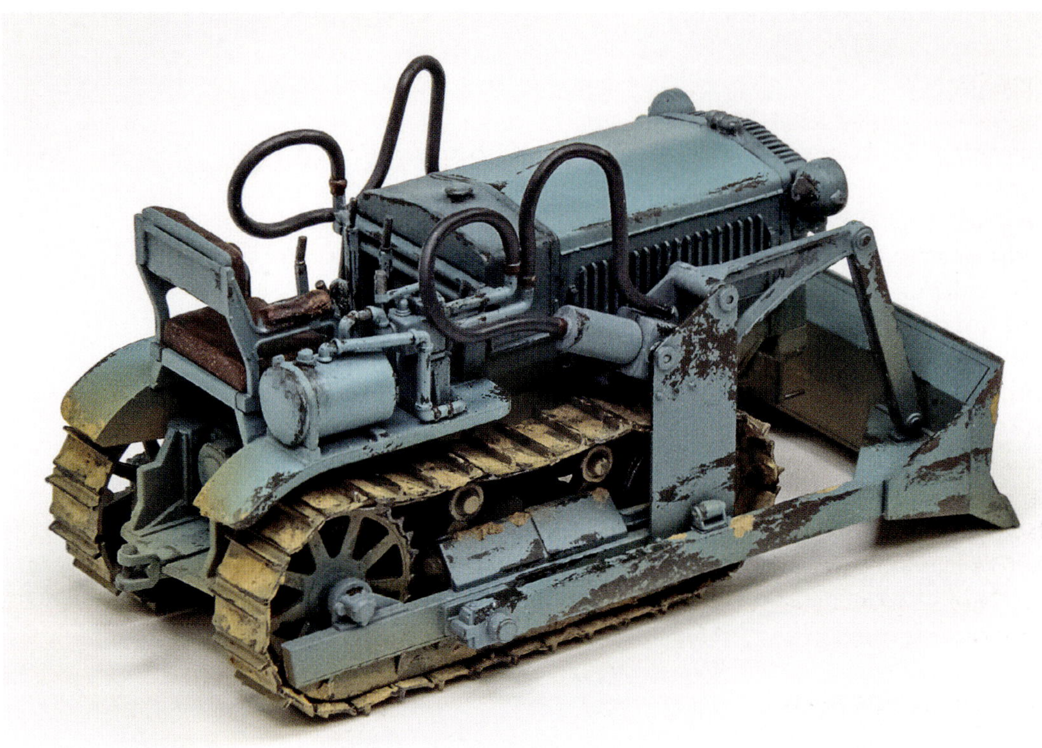

Bild 6-54: Ölige Rückstände werden mit glänzendem Klarlack sichtbar gemacht.

Washing und Strukturweiß

Kühler und Kühlergrill sind bei diesem Bulldozermodell ein Bauteil. Beim Bemalen der Baugruppe Chassis / Getriebe / Motorraum hat auch der hinter dem Kühlergrill liegende Bereich den Lackfarbton angenommen. Durch ein *Washing* mit Aquarell- oder Künstlerölfarben (Rost- und Lacktöne sind mit Acrylfarben gespritzt) wird der hinter den Streben liegende Kühler schwarz eingefärbt, und das Bauteil gewinnt damit sein echt wirkendes Aussehen. Auch die Lamellen der Motorhaube, die Blattfedern, die kurzen Falze auf den unteren Abdeckblenden sowie später viele weitere Details am Modell werden mit einem *Washing* hervorgehoben.

Über der Staub- und Dreckschicht kleben Erd- und Lehmklumpen auf Teilen der Planierraupe. Diese Klumpen lassen sich sehr gut aus dem Strukturweiß einer Künstleracrylfarbe und Künstlerpigmenten (im Fachhandel für Künstlerbedarf erhältlich) herstellen. In das Strukturweiß wird dazu so lange Pigmentpulver gegeben, bis der passende Farbton und die gewünschte Beschaffenheit erreicht sind. Zum Mischen und Auftragen erweisen sich hölzerne Zahnstocher als recht praktisch.

Die Erdklumpen lassen sich ohne Schwierigkeiten auftupfen. Wenn mit einem feinen Pinsel ganz vorsichtig minimal Wasser auf die noch feuchten Klumpen gegeben wird, bilden sich zudem die typischen Ränder, die um nasse Erd- oder Lehmklumpen herum entstehen können.

Während die größeren Lehmablagerungen auftrocknen, kann der Zusammenbau der ersten Baugruppen beginnen. Als Erstes werden die Motorhaube aufgesetzt, die Startermechanik mit der Handkurbel angebaut, die Bedienungselemente im Fußraum verankert und die Sitzplattform mit dem Sitz, dem seitlichen Tank und dem Steuerventil montiert. Es folgen verschiedene *Washings* auf dem Antrieb, dem Unterbau, dem Tank, der Ventilkonstruktion und dem Vorbau, da diese Teile nach dem Ansetzen der übrigen Baugruppen nicht mehr (gut) zu bearbeiten sind.

Glanzgrad und Details

Nachdem sowohl die *Washings* wie auch die Lehmklumpen gut durchgetrocknet sind, gilt es, den Glanzgrad der vielfältigen Farbaufträge noch einmal zu kontrollieren und gegebenenfalls mit klarem Matt- oder Seidenmattlack zu korrigieren. Ölige Rückstände von übergelaufenen Betriebsstoffen und Schmierstoffe werden mit glänzendem Klarlack sichtbar gemacht. Im Anschluss wird das Modell gemäß Bauanleitung endgültig zusammengebaut.

Die Gläser der beiden Rundinstrumente vor den Bedienungshebeln bestehen aus je einem Tropfen glänzenden Klarlacks. Skalen und Zeiger sind Decals, die ursprünglich zu anderen Modellen gehörten. Eingesetzt und mit dem Klarlacktropfen versehen wurden sie zweckmäßiger Weise, bevor die Bedienungshebel im Fußraum verankert waren.

Die Lehmspuren, von den Stiefeln des Fahrers beim Aufsteigen auf der

Bild 6-55: Blick in den Fußraum mit den montierten Bedienungshebeln und den davor eingesetzten Rundinstrumenten

Bild 6-56: Lehmspuren und Lackabplatzer auf der Kettenabdeckung, entstanden beim Aufsteigen des Fahrers, sind wichtige Details.

Kettenabdeckung hinterlassen, dürfen natürlich nicht fehlen.

Die eingefügten Reflektoren der Scheinwerfer wirken für den dargestellten Zustand der Planierraupe natürlich zu neu und erhalten durch ein Überarbeiten der Gläser mit einem lichten, transparenten Gelbton (eine Seite) und Mattlack klar (beide Seiten) das zu erwartende Aussehen. Das vorgesehene Kühleremblem wird durch ein eigenes, speziell angefertigtes Schild ersetzt. Das zum fertigen Modell dazu gelegte Lineal veranschaulicht gut dessen tatsächliche Größe.

Und die Schlussfolgerung?!

Angefangen beim Räumschild lassen sich Bulldozer natürlich in den verschiedensten Betriebszuständen und Farbvarianten bauen. Mit den gezeigten Arbeitstechniken und -abläufen, bei denen bekanntermaßen erstklassige Arbeitsmaterialien verwendet werden, kommen ohne chemisches Roulette dauerhafte Ergebnisse zustande, bei denen der Zufall kaum mehr eine Rolle spielt. Wenn das keine Perspektive ist!

Bild 6-57: Das vorgesehene Kühleremblem wird durch ein eigenes, speziell angefertigtes Schild ersetzt. Na, erkannt?

Bild 6-58: ein reizvolles Projekt – mit 50 Shades of White?

Weiß in vielen Schattierungen!

Zu den ganz speziellen Herausforderungen im Modellbau zählen Bauprojekte, deren Vorbilder weiß lackiert sind. Der Motorschlitten Soviet Aerosan RF-8 / GAZ-98, beweist, wie viel Spaß eine anspruchsvolle Farbgebung machen kann.

Schon das Zusammenfügen der ersten Baugruppen geht herrlich einfach. Gebaut werden soll das Modell des Aerosan "out-of-box". Dass dies zwar ohne Zukäufe geschieht, am Ende aber doch nicht ganz durchgehalten wird, liegt überwiegend an der guten(!) Qualität des Bausatzes und an einigen bereits vorhandenen Zurüstteilen von anderen Modellbauvorhaben. Doch dazu später mehr.

Die ersten Baugruppen entstehen aus der Überlegung heraus, welche Bauteile sinnvollerweise vor den ersten Farbaufträgen zusammengesetzt werden könnten. Dazu gehört der Motor (ohne Auspuff), die Motorhalterungen innen auf dem linken Seitenteil, die Lampe (ohne Glas) auf der vorderen

Bild 6-60: Nach dem Einkleben der unbemalten Instrumententafel lässt sich das Bauteil für die weiteren Arbeitsschritte auch besser halten.

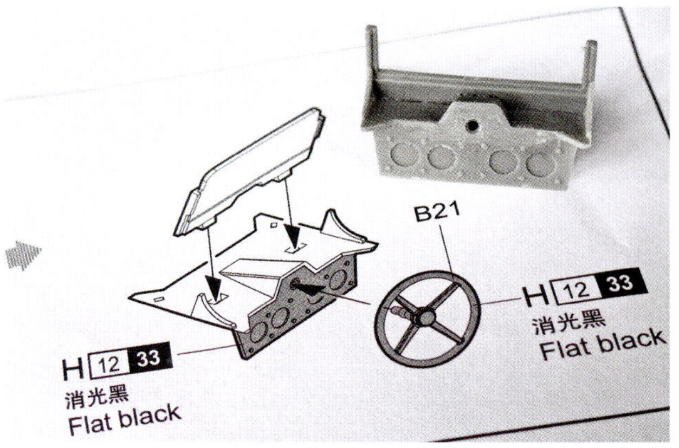

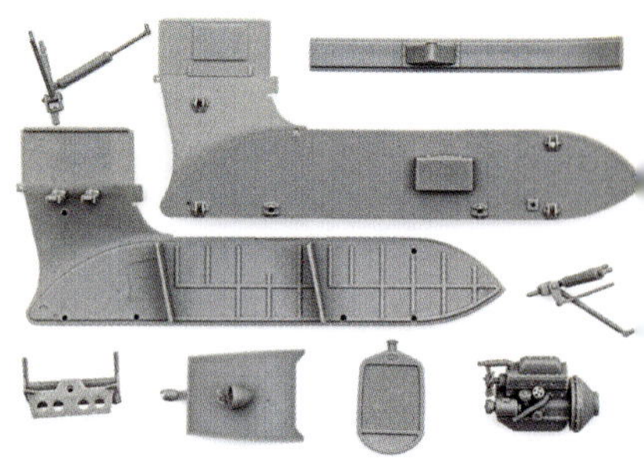

Bild 6-59: Diese Baugruppen können vor den ersten Farbaufträgen zusammengesetzt werden.

Fußraumabdeckung, das „Cockpit“ ohne Scheibe, der Kühler, die 4 Federbeine mit Querlenkern, die 4 Kufen mit Halterungen und das rechte Seitenteil mit dem kleinen Koffer außen. Der Koffer wäre allerdings eher separat einzufärben, wenn er farblich sehr deutlich von der Schlittenseite abgesetzt werden soll.

Der Motor zeigt sich von allen Seiten als so hinreichend detailliert, dass es schade wäre, ihn derart zu verbauen, dass er nur von hinten sichtbar ist. Also wird mit Gießaststücken ein Ölfilter und ein Verteiler angedeutet, da die von oben aufzusetzende Motorhaube abnehmbar bleiben kann. Sobald der so ergänzte Motor seine Metallfarbe erhalten hat und der Verteiler sowie der Ölfilter farblich abgesetzt wurde, kommen die Zündkabel und ein Keilriemen (ursprünglich für ein anderes Projekt im gleichen Maßstab bereitgelegt) hinzu. Somit wird das Modell an dieser Stelle nicht mehr ganz „out-of-box“ gebaut sein.

Das Armaturenbrett lässt sich sauber in die obere Abdeckung des hinte-

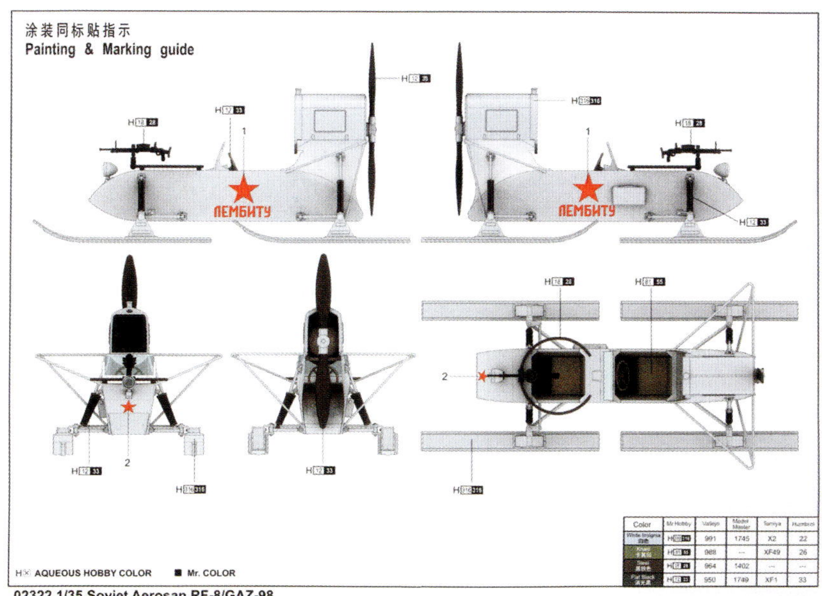

Bild 6-61: Besser als nur Farbnummern zu jedem Bauschritt in der Bauanleitung: Ein farbiger „Walk-around" von Trumpeter.

ren Fußraums einpassen und verschleifen. Die Halteschrauben für die „Uhren" sind fein dargestellt. Leider fehlen dem Bausatz Decals für die Instrumente, und auch die in der Bauanleitung vorgeschlagene schwarze Farbgebung wird den erfahrenen Modellbauer nicht wirklich zufrieden stellen (zumal ein reines Schwarz als Scaleton nur in tief zurückliegenden Schattenbereichen vorkommt).

Im www findet sich die helle Instrumententafel eines Aerosans im Original mit den benötigten Kontrollanzeigen. Auf der Basis dieses Fotos entstanden Papierabzüge, die die Instrumente so wiedergeben, dass sie in die Öffnungen im Armaturenbrett passen. Da ein Foto aufgrund seiner Materialstärke nicht wie ein Decal in die vorgegebene Vertiefung eingefügt werden kann, sind die Öffnungen vorher sauber aufzubohren – das so vorbereitete Bauteil ist bei den anderen, für den ersten Farbauftrag zusammengesetzten Teilen zu sehen. Das Ankleben der Fototeile an der Rückseite des Armaturenbretts erfolgt später.

Farbgebung

Ein „Painting & Marking Guide" ist dem Bausatz als Anleitung für die Farbgebung beigefügt. Darauf ist das Modell detailliert als Walk-around dargestellt. Ein reines Weiß – das beweist die intensive Beschäftigung mit dem Scale Effect – ist auf Modellen nur zur Darstellung von sehr stark reflektierenden Weißpartien sinnvoll. Erst ein entsprechend gebrochenes Weiß in unterschiedlichen Schattierungen vermittelt einen vorbildgetreuen Eindruck. Das auf dem „Painting & Marking Guide" wiedergegebene Modell erscheint weiß, obwohl es mittels Grautönen dargestellt ist. Die Abbildungsgröße des Bo-

Projekt: RF-8 / GAZ-98 : Khaki

	Grundfarbe	+ Mischfarben				Spritzproben
Farbname Farbnr.	Zitronengelb 60001	Weiß 60023	Graphit 64079			
Anteile	20					
+ Anteile		2	2			
+ Anteile		10	2			
+ Anteile		5	2			
+ Anteile		5	2			
+ Anteile		5	2			
+ Anteile						
= Anteile	20	27	10			

© Mischbogen MATHIAS FABER, Erste Hilfe AIRBRUSH

Bild 6-62: Mischprotokoll für einen Khakiton

gens kommt der Größe des Modells recht nahe, sodass ein guter Vergleich möglich ist.

Die namentlichen Farbangaben unten rechts auf dem „Painting & Marking Guide“ sind somit eine Orientierungshilfe – mehr nicht. Der wiedergegebene Blick von oben in den Innenraum des Motorschlittens unterstreicht diese Feststellung, denn natürlich muss der Fußraum dunkler erscheinen als die mit der gleichen Farbe gestrichenen Sitzflächen. Die tatsächliche räumliche Tiefe beim Modell reicht für diesen Eindruck aber nicht aus. Welche Kriterien hier zum Tragen kommen können, wird bei der farblichen Behandlung der Innenwände / des Innenraumes deutlich. Die dabei gewonnenen Einsichten lassen sich dann auch für die weiße Außenhaut übernehmen.

Das Mischverhältnis für einen scalegerechten Khakiton lässt sich auf einem geeigneten Mischbogen protokollieren. Laut Wikipedia besteht der Farbton Khaki im CMYK-Farbraum (= Druckstandard) aus etwa 80% Gelbanteil und 20% Schwarzanteil (Achtung: Diese Anteile beziehen sich selbstverständlich auf Rastertonwerte und sind keine Mischangabe für die Farbe!). Der so definierte Referenzton findet sich in jedem Tonwertatlas für den 4-Farb-Druck und auch auf einschlägigen Originalfarbkarten als amtliche Farbe verschiedener Armeen. Auf diese Weise bildet er die optimale Basis für eine treffende Farbabstimmung. Das protokollierte Mischverhältnis ist dabei eine produktspezifische und keine für alle Farbsorten zu verallgemeinernde Größe. Das Verhältnis der miteinander vermischten Farben hängt also von der gewählten Farbsorte und dem Farbhersteller ab.

Die schwarzen Punkte auf den Feldern für die Spritzproben dienen der Überprüfung der Deckkraft. Die sichere Einschätzung der Deckkraft ist insofern wichtig, als dass die notwendige Intensität einer Untermalung (Preshading) davon abhängt. Ist die Deckkraft der angemischten Farbe sehr stark und deckt darunterliegende Schattierungen mit Erreichen des gewünschten Farbtons vollständig ab, so muss vor der Untermalung gegebenenfalls schon eine erste Farbschicht aufgetragen werden. Bei dem hier angemischten Khakiton kommen Preshadings gut zur Geltung.

Wird auf einen fertigen Khakifarbton aus dem Sortiment eines Farbenanbieters zurückgegriffen, gilt es natürlich in gleichem Maße zu schauen, inwieweit er deckt, und auch, wie stark er ggf. scalegerecht aufzuhellen ist.

Untermalung

Der für den AEROSAN angemischte Khakiton wurde im Cockpit mit Schwarz untermalt. Ausschlaggebend für die Art, wie dies geschieht, ist die

Fragestellung: Wieviel Licht trifft beim Vorbild von woher auf was? So gelangt auf den Cockpitboden unterhalb der Sitzflächen kaum Licht. Am oberen Rand der Seitenwände ist das meiste Licht, nach unten hin nimmt der Lichteinfall ab und unter den Fußraumabdeckungen und dem Instrumentenbrett ist es eher „schattig".

Schwarz wird auch im Motorraum und auf dem fast senkrecht hängenden Armaturenbrett als Untermalung verwendet. Im Motorraum des Vorbilds führen der Kühler und der Motor zur Schattenbildung an den Seitenwänden. Beim Modell hilft ein kurzes Einpassen des Motors, um zu erkennen, welche Ausdehnung der Schattenbereich hier haben sollte.

Nicht jede Untermalung dient jedoch der Schattenbildung. Obwohl meistens dafür genutzt, lassen sich darüber hinaus auch andere interessante Effekte erzielen. Dazu gehört das Darstellen von abgestoßenen oder abgeplatzten Farbstellen. Ein solches Abplatzen, sei es durch Rost oder mechanische Einwirkungen, kann vorbildgerecht nachempfunden werden, indem Teile einer Material- oder Grundfarbe mit einer Maskierung abgedeckt werden. Dafür lassen sich Aquarellfarben oder spezielle Maskierflüssigkeiten verwenden. Diese Maskierung wird später einfach angelöst oder abgerieben, so dass dann alle darüber deckend gespritzten Farbaufträge auch tatsächlich abplatzen.

Bei Aquarellfarben genügt es, zum Schluss mit einem weichen, wassergetränkten Pinsel mehrfach über die maskierten Stellen zu streichen. Das Wasser löst die Aquarellfarbe durch die darüber gespritzten Farbaufträge hindurch vollständig auf. Wird für die Aquarellfarbe ein auffälliger Farbton gewählt, wie hier das Rot, das keine farbliche Nähe zum darunterliegenden Farbton hat, erleichtert dies die Maskierarbeiten.

Mit farbigen Untermalungen lassen sich auch feine Farbverschiebungen gut darstellen. Farbabweichungen können zum Beispiel dadurch entstehen, dass einzelne Teile des Vorbilds neu oder nachlackiert sind resp. „gleichfarbige" Bauteile ausgetauscht

Bild 6-63: Erste Farbaufträge (mit Khakiton) und angetrocknete Flüssigmasken (rot)

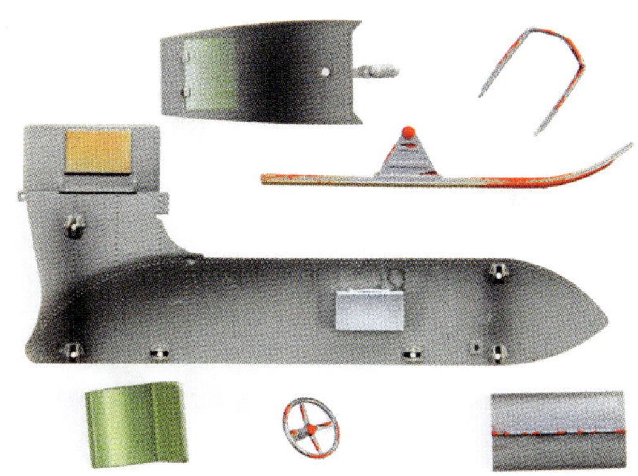

Bild 6-64: Farbige Untermalungen und weitere Flüssigmasken (rot)

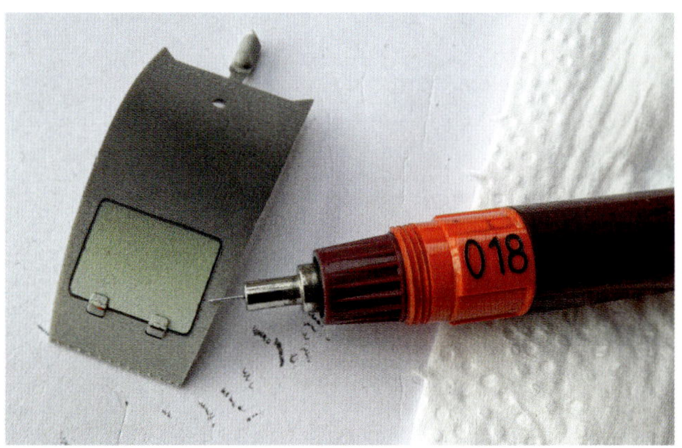

Bild 6-65: Auch Tuschefüller lassen sich mit geeigneten Acrylfarben gut verwenden.

wurden. Dies betrifft die Holzplatten außen und oben in Höhe des Motors – das Vorbild des Propellerschlittens besteht überwiegend aus Holz – und eine Klappe über dem Benzintank.

Die Eigenfarbe der Untermalungen ist recht kräftig. Nach dem Überspritzen mit einem gut deckenden Scaleweiß sind diese Bauteile dann nur noch durch die gewünschten feinen Farbnuancierungen von ihrem Umfeld zu unterscheiden. Auf plastikgrauen Teilen können auch weiße Untermalungen zu leichten Abstufungen führen.

Mit Hilfe eines Tuschefüllers lässt sich die Heckklappe sauber schwarz einfassen. Die klassischen rotring Tuschefüller, ursprünglich für das technische Zeichnen konzipiert, lassen sich auch mit Airbrushfarben befüllen und sind äußerst hilfreich beim Ziehen von schmalen Linien. Sind diese Linien als Untermalung angelegt, können sie Wartungsklappen, Panelstöße und andere konstruktive Details präzise und fein abgestuft betonen.

Der schon vorab quer über die Tankabdeckung gezogene Verlauf betont zum einen die Wölbung der Abdeckung, zum anderen verstärkt er den Schattenbereich zwischen den beiden Motorträgern.

Spritzvorgänge

Die Abstandsmaske für den weich begrenzten Verlauf auf den Motorträgern besteht aus Pappe. Um die Form des Übergangs zwischen Seitenteil und Motorträger auf die Pappe zu übertragen, lässt sich einfach ein Stück Transparentpapier auf das Seitenteil legen und die Wölbung nachzeichnen. Die graue Pappe, auf die die Trennlinie dann durchgepaust wurde, ist nicht allzu stark, damit sie sich noch gut entlang der Linie schneiden ließ.

Bild 6-66: Eine aus Pappe gefertigte Abstandsmaske liegt vor dem Seitenteil.

Projekt: RF-8/GA2-98 : Scale „Weiß"

	Grundfarbe	+ Mischfarben				Spritzproben
Farbname Farbnr.	Weiß 60023	Graphit 64079				
Anteile	20					
+ Anteile		2				
+ Anteile	20	1				
+ Anteile						
+ Anteile						
+ Anteile						
+ Anteile						
= Anteile	40	3				

© Mischbogen MATHIAS FABER, Erste Hilfe AIRBRUSH

Bild 6-67: Mischbogen Scale-Weiß

Beim Spritzen über der so vorbereiteten Linie ist der Abstand wichtig, mit dem die Pappe über dem Seitenteil gehalten wird. Die Entfernung der Pappe zum Spritzgrund bestimmt schließlich, wie weich die Kante zwischen dem unteren Seitenteil und dem Motorhalter ausfällt.

Die meisten Weißtöne der hochwertigen Spritzfarbensortimente haben eine starke Deckkraft. Das gilt häufig auch für herstellerseitig angebotene Grautöne, wenn diese eine Weißbasis haben. Mit dem „Painting & Masking Guide" als Vorlage für die Bemalung mit dem Airbrush ist das gewünschte Scaleweiß schnell angemischt. Der hier zum Mischen mit Weiß benutzte Graphitton besteht aus einem sehr stark verdünnten Schwarz mit ausgeglichenem Bindemittelanteil.

Natürlich kann Weiß auch mit herstellerseitig angebotenen Grautönen auf Weißbasis abgetönt werden. Reines Schwarz hingegen ist zum Anmischen eines gebrochenen Weißtons wenig geeignet, da auf einen Tropfen Schwarz schon ein Vielfaches der hier verwendeten Weißmenge kommen würde.

Beim Überspritzen der Untermalung ist es sehr wichtig, mit Scaleweiß in wenig deckenden Farbaufträgen gleichmäßig zu spritzen. Nur wenn sehr dünn aufgetragene Farbschichten vorsichtig übereinandergelegt werden, besteht keine Gefahr, dass die Untermalung plötzlich vollständig verschwunden ist. Dies gilt natürlich auch für den Cockpit-Innenraum, obwohl die Khakifarbe dort keine ganz so hohe Deckkraft hat. Die Kufen erhalten unten nur im Bereich der Spitzen einen geschlossenen Weißton, da die Lackierung des Vorbildes dort ansonsten „abgefahren" sein dürfte. Die Abgrenzung zum unregelmäßig abgeschliffenen Bereich schafft wiederum eine Maskierung aus roter Aquarellfarbe.

Dort, wo die Kufenhalterungen, die Federbeine und die Querlenker mit dem Schlittenaufbau verbunden werden, folgt ein frei gespritzter Farbauftrag mit dem Graphitton, um die Ausgangspunkte für die Schattenpartien noch ein wenig zu betonen.

Akzente setzen

Washings müssen nicht unbedingt nur dunkle Konturen erzeugen. Obwohl meistens für die Darstellung von

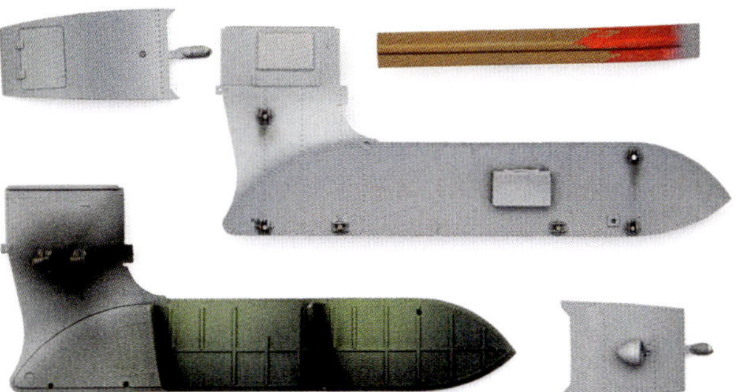

Bild 6-68: Farbaufträge mit Scale-Weiß

Bild 6-69: Washings

Bild 6-70: Der Propeller erhält aus nächster Nähe feine Farbverläufe.

Schatten und Verschmutzungen gebraucht, können helle Washings auch den Lichteinfall betonen. Auf den Seitenwänden des Innenraums ist beides zu finden. Im oberen Bereich ist der Lichteinfall herausgearbeitet, nach unten hin verstärkt ein dunkles Farbwashing die Plastizität der Trägerkonstruktion. Im Fussraum kommt zum Schattenwashing ein Pigmentwashing zur Darstellung von Stiefelspuren, in Form von Abrieb und Schmutz, hinzu.

Auch die Kühlerinnenseite, aus dem alten Metallsieb eines „French-Press"-Kaffeebereiters entstanden (der Motor wird ja sichtbar sein), wirkt mit einem dunklen Farbwashing überzeugend. Ein hellgraues Washing auf der Kufenunterseite vermittelt den Eindruck von abgeschliffener Farbe, wenn es mehr als Lasur aufgetragen und nach kurzem „Anziehen", also kurzem Antrocknen, mit dem Pinsel ungleichmäßig verrieben wird. Der gesprenkelte Dreck (Airbrush mit Sprenklerkappe) unterhalb der Motorhalterung lässt sich unmittelbar nach dem Auftragen mit geeignetem Klarlack anlösen und in eine „Ölspur" verwandeln.

Die Seiten der Holzsitze hingegen sind mit einem deckenden, dunklen Khakiton frei, also ohne spezielle Maskierungen, überspritzt. So erfährt der Schattenbereich zwischen Sitz und Innenwand noch eine zusätzliche Akzentuierung.

Auch die Form des Propellers lässt sich mittels Farbe gut akzentuieren. Als „gelungen" kann jegliche farbliche Verstärkung von Plastizität gelten, die als solche vordergründig nicht wahrgenommen wird, aber unzweifelhaft vorhanden ist. So werden vom unvoreingenommenen Betrachter eine Reihe der hier geschilderten Vorgehensweisen am fertigen Modell sicherlich nicht als solche erkannt.

Drei sich deutlich voneinander unterscheidende Anthrazittöne von hell bis sehr dunkel geben den Propellerblättern ihr Aussehen. Die Basisfarbe bildet das mittlere, zum dunklen tendierende Anthrazit, das leicht glänzen sollte. Auf dem so eingefärbten Propeller werden die sich darauf zeigenden Lichter und Schatten aus nächster Nähe mit den anderen beiden Tönen frei nachgespritzt und damit betont. Dies geschieht mit sehr feinen Verläufen, die durch mehrmaliges Überspritzen ihre endgültige Intensität erhalten.

Zurüstteile

Die Anzeigeinstrumente und der Scheinwerfereinsatz gehören nicht zum Bausatz. Neben den Zurüstteilen für den Motor und dem Metallgewebe für die Kühlerinnenseite sind dies weitere Teile, die das eigentlich out-of-box geplante Modell verfeinern. Die Fotos, aus dem www für die Instrumente heruntergeladen, sind von hinten gegen die Bohrungen im Armaturenbrett geklebt. Die Gläser davor lassen sich durch Tropfen aus hochglänzendem Klarlack oder mit guter Tiefenwirkung durch BONDIC-Tropfen darstellen. BONDIC ist ein klarer, mit UV-Licht aushärtender flüssiger Kunststoff aus dem Baumarkt, der beim Bauen von vorn in die Bohrungen getropft werden kann. In nicht durchgehärtetem Zustand kann der Kunststoff allerdings Fotos anlösen und verfärben, so dass Vorversuche, ggf. mit einer isolierenden Lackschicht, hier unbedingt empfehlenswert sind.

Der verspiegelte Glaskörper für den Scheinwerfer stammt aus dem Sortiment „Realistic Light Lenses for Models“ des amerikanischen Anbieters M.V. Products. Das Bauteil passt haargenau in den Lampenkörper des Bausatzes und scheint wie dafür gemacht.

Der scratch-gebaute Suchscheinwerfer erhält einen „individualisierten“ Linseneinsatz. Damit sehen Scheinwerfer, obwohl mit dem gleichen Linsentyp bestückt, vorbildgetreu unterschiedlich aus. Transparente Farbtöne unterschiedlichster Anbieter, hauchfein gespritzt, ermöglichen vielfältigste Farbnuancen. Damit ein solcher Farbauftrag anschließend nicht durch versehentliche Berührungen beschädigt wird, erhält er eine gespritzte Klarlackversiegelung. Das „Wegfliegen“ der Linse beim Überspritzen verhindert Maskierband, das die Linse von der Rückseite her festhält und sich mit einem Zahnstocher halten lässt.

Montiert wird der Suchscheinwerfer ganz zum Schluss auf der Ringführung am vorderen Sitzplatz, alternativ zum im Bausatz enthaltenen Maschinengewehr.

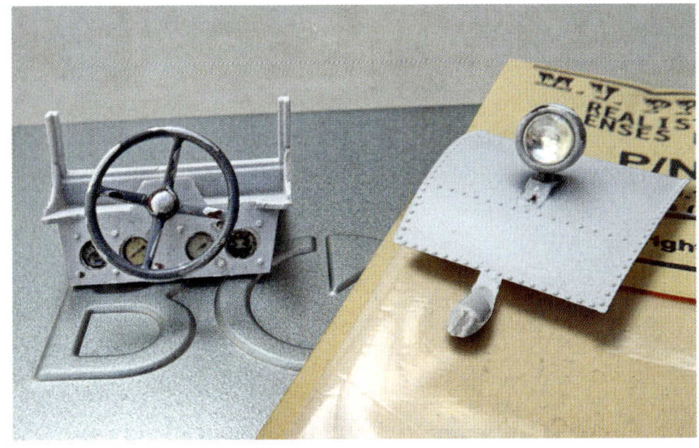

Bild 6-71: Zurüstteile: Instrumentenanzeigen und Lampenreflektor

Bild 6-72: Scheinwerfereinsätze können mit geeigneten Transparentfarben abgetönt werden.

Bild 6-73: Das fertige Modell aus der Vogelperspektive

Bild 6-74: Walk-around (linke Seite)

Fertigstellung

Die vorbereiteten Baugruppen werden nun gemäß Bauanleitung zusammengefügt. Doch dabei sind wiederum Ausnahmen sinnvoll. Das Aufsetzen des Motors auf die bereits montierten Motorträger klappt problemlos und passgenau vor dem Zusammenfügen der Seitenteile. Damit wird die Gefahr minimiert, dass filigrane Zurüstteile am Motor beim späteren Einbau aus Versehen beschädigt werden. Am Motor selbst (Abschnitt 1 der Bauanleitung) ist vorher der rostige Auspuff noch anzusetzen. Darauf folgt das Verkleben der beiden äußeren Rumpfteile mit dem Rumpfboden (Abschnitt 2). Stellt sich bei der vorangehenden Passprobe heraus, dass die unteren Kanten der Rumpfteile versehentlich keine oder zu wenig Farbe erhalten haben, lässt sich das durch Nachspritzen noch vor dem Verkleben beheben.

Die Passgenauigkeit der Bauteile ist beim ganzen Modell sehr gut. Korrigierende Schleif- oder gar Spachtelarbeiten sind nicht notwendig, so dass die schon fertiggestellten Farbaufträge im Anschluss an das Zusammenkleben nicht mehr nachgearbeitet werden müssen.

Nach dem Zusammenkleben der Baugruppen zeigt sich, wie überzeugend die einzelnen Farbabstufungen wirklich sind. Beim Ausrichten der Fußraum- und Tankabdeckung (Abschnitt 3 der Bauanleitung) ist etwas Fingerspitzengefühl gefragt. Hat dies Erfolg gehabt, wird besonders auf der Tankabdeckung zwischen den Motorträgern sichtbar, wie gut, also „unmerklich verstärkend“, die farbliche Betonung der Tiefenwirkung und der Plastizität wirklich funktioniert.

Gleiches gilt für den Einbau der Sitze. Die Cockpitabdeckung, die sowohl die Windschutzscheibe wie auch das Armaturenbrett hält, ist als nächstes an der Reihe (Abschnitt 4). Allerdings wird die Scheibe von mir erst in die Halterung eingeklebt, wenn das Modell ansonsten komplett fertiggestellt ist. Das ist uneingeschränkt möglich und schützt die Windschutzscheibe vor unnötigen Beschädigungen.

Fein gespritzte Farbaufträge haben auf die Passgenauigkeit der Bauteile keinen spürbaren Einfluss. Trotzdem kann es natürlich vorkommen, dass ineinander zu steckende Teile so geringe Toleranzen aufweisen oder so viel Farbe abbekommen haben, dass ein wenig aufgebohrt resp. abgeschliffen werden muss. Dies war am Kühleranschluss notwendig, nicht jedoch beim Einstecken der Federbeine, Querlenker und Lenkgestänge in die Verbindungsstücke am Rumpf. Mit „sanfter Gewalt" hineingedrückt, halten diese Verbindungen sogar ohne verklebt zu sein. Sind die vorhandenen, sehr dünn gespritzten Farbaufträge vollständig durchgetrocknet, wird auch kein nennenswerter Farbabrieb sichtbar.

Ein Bügel, beim Vorbild aus Metall, stabilisiert den Motorraum am hinteren Ende und dient als Aufnahme für die Motorhaube (Abschnitt 5 der Bauanleitung). Da bei diesem Modell die Motorhaube abnehmbar bleiben soll, also nicht vorab verklebt wird, und bei geschlossener Haube später weder zu viel noch zu wenig Spiel stören darf, empfiehlt sich für den Einbau des Bügels die folgende Herangehensweise: Maskierband hält die passgenau aufgesetzte Motorhaube an ihrem Platz, damit der Bügel exakt ausgerichtet verklebt werden kann.

Die Vorgehensweisen beim Bemalen des Aerosans überzeugen auch aus der rückwärtigen Perspektive. Dem unvoreingenommenen Betrachter wird keine der geschilderten, scalegerechten Akzentuierungen auffallen. Dies gilt schon beim Propeller (der übrigens nur gesteckt, aber nicht „frei" drehbar ist, also in einer gewählten Position verbleibt). Die Durchsicht zwischen den Motorträgern bestätigt dies ebenso, wie auch die Schatten an den Federbeinbefestigungen und auf den Skiern, sowie die Vielzahl an Farbschattierungen auf den weiteren Bauelementen.

Bild 6-75: Walkaround (Rückseite)

Zu den Bauelementen, die zum Schluss angeklebt werden, gehören die Propellerschutzstangen . Es folgt der Führungsring, der mit dem Suchscheinwerfer bestückt wird, und zu guter Letzt die Montage der Kufen, welche vor dem Verkleben sorgfältig ausgerichtet werden.

Fazit am Ende eines interessanten Projekts: Ausgiebige Überlegungen zur farblichen Gestaltung eines Modells, die weit über die Farbangaben des Herstellers hinausgehen, sind immer ein lohnendes Unterfangen und werten jedes Modell deutlich auf!

KAPITEL 7

Karton- & LaserCut-Modelle

Um LaserCut-Modelle mit Farbe realistisch zu gestalten, ist eine materialbezogene Arbeitsplanung mit speziellen Vorgehensweisen wichtig. Zum Ausprobieren, wie sich saugende Oberflächen farblich gestalten und bearbeiten lassen, soll hier ein kleiner Wellblechschuppen als Einstieg dienen. Zwei Überlegungen sprechen für dieses Modell: Zum einen sind Vorbilder für das Äußere eines solchen Wellblechschuppens in nahezu jeder Farbe und jedem Zustand zu finden, zum anderen entsteht bei einem kleinen und preiswerten Modell kein allzu großer finanzieller Schaden, sollte schlussendlich alles schiefgehen.

Bild 7-2: Fotovorlagen „im gleichen Maßstab" wie das Modell erleichtern die Farbgebung.

Neue Oberflächen, neue Herausforderungen

Das LaserCut-Modell eines Wellblechschuppens

Das Thema ‚Arbeitsplanung' kann in mehrfacher Hinsicht angeschnitten werden. Intuitiv scheint für manchen Modellbauer das Altern und Patinieren nämlich erst anzustehen, wenn das Modell bereits fertig zusammengesetzt ist. Eine sinnvolle Arbeitsplanung bezieht alle dahin gehenden Überlegungen aber schon von vorn herein mit ein und macht vieles dadurch leichter. Die Gestaltung von Fenstern und Schattenverläufen wird dies im Weiteren anschaulich belegen.

Bausätze aus offenporigen Materialien wie Karton oder Holz erfordern eine andere Vorgehensweise beim Bemalen und farblichen Gestalten als Modelle aus Plastik, Resin oder Metall. Von Modellen mit nichtsaugenden Oberflächen lassen sich misslungene Farbaufträge meist leicht wieder ‚abwaschen', wenn dazu ein geeignetes Verdünnungsmittel benutzt wird. Ob die Farben flächig aufgetragen oder als Washing aufgebracht wurden, ist dabei unbedeutend. Anders verhält es sich mit saugenden Oberflächen, wie wir sie bei LaserCut-Modellen aus Karton oder Holz finden: Hier wird ein Abwaschen nicht ohne weiteres funktionieren. Die Bauteile müssen, wenn Farbaufträge misslingen, zumeist neu bemalt werden; als erstes wird dann eine gut deckende Farbe benötigt. Schwieriger wird es, wenn es darüber hinaus gilt, Schäden in der Oberfläche zu reparieren. Solche Schäden können durch unsachgemäßes Kleben, Maskieren, Spachteln oder Schleifen entstanden sein.

Ein maßstabsgetreues Foto eines Original-Wellblechschuppens dient als Vor-

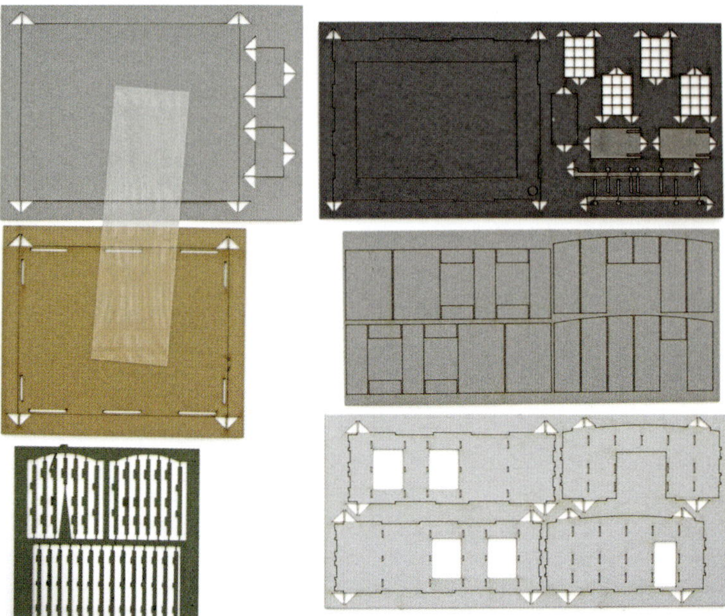

Bild 7-3: Der Bausatz

lage. Ein großer Original-Wellblechschuppen ist dafür schnell gefunden. Mit Hilfe eines solchen Referenzobjekts lässt sich gut vor Ort klären, was aus welcher Entfernung in welcher Form sichtbar ist. Dies gilt auch für Farbverschiebungen durch den Scale Effect.

Entstehen vor Ort Fotos, so haben diese natürlich die meiste Aussagekraft hinsichtlich der Details, wenn davon Fotoabzüge gemacht werden, die das Gebäude in einer passenden Größe, also annähernd 1:1 zum Modell, zeigen (so wie hier zu sehen). Maßgeblich – im Wortsinn – kann bei diesem Beispiel die Struktur der Wellblechplatten, das Ausmessen von Abständen (der Türgriff auf dem großen Tor befindet sich 1,25m über dem Erdboden) oder das Feststellen von anderen Maßen sein. Auch eine für ein zusätzliches Foto vor das Referenzmodell gestellte Person kann als Maßstab helfen.

Das Darzustellende gilt es aus der Nähe zu betrachten. Hier zeigt sich die Beschaffenheit der Wellblechplatten und die Art der Rostschäden, die deren Oberfläche zeichnen, im Detail. Dabei wird klar, aus welchen Farben sich der Gesamteindruck zusammensetzt und welche Farben entsprechend dem Scale Effect dafür zu verändern sind. Vom Grundprinzip her ist diese Herangehensweise bei allen Modellbauthemen gleich, wie auch bei der Behandlung des rollenden Materials auf Modellbahnen. Es kommen dann natürlich die eigenen Gesetzmäßigkeiten für Architekturmodelle hinzu, auf die im Einzelnen noch einzugehen sein wird.

Der Bausatz besteht aus sechs vorgeschnittenen Kartonplatten. Diese sind von unterschiedlicher Stärke, Farbe und Struktur. Angefügt ist ein Klarsichtteil aus Kunststoff. Die mit einem Laser geschnittenen Kartonbauteile

(LaserCut) befinden sich noch innerhalb einer rechteckigen Platte, die zugleich den Außenrahmen bildet. Aus diesem Rahmen werden die Bauelemente vorsichtig mit einem Skalpell oder einem guten Grafiker- oder Bastelmesser herausgetrennt. Durchtrennt werden müssen nur noch kleine Stege, die die Bauelemente sicher mit diesem Rahmen verbinden.

Die Platten, also die Rahmen mit den darin befindlichen Bauteilen, lassen sich prima in der Hand halten, ohne dass die Hand mit der Oberfläche der einzelnen Bauteile in Berührung kommt. Natürlich lassen sich die Rahmen auch in geeignete Haltevorrichtungen (wie die legendäre „Helfende Hand", also der gusseiserne Fuß mit zwei beweglichen Einspannklemmen) einspannen. Vor dem Heraustrennen der benötigten Bauteile aus den Platten sollte von daher gut überlegt werden, ob und in welchem Umfang einzelne Teile noch farblich bearbeitet werden sollen und ob sie dafür praktischerweise erst einmal im LaserCut-Rahmen verbleiben können.

Bei diesem Beispiel geht es um die Darstellung von Wellblechplatten, Hallentoren und Fensterrahmen; genau so lässt sich natürlich auch beim Nachbilden von Steinen, Ziegeln, Eisenträgern, Hölzern, verputzten Wänden und vielem mehr verfahren, wenn es darum geht, die Farbgebung zu verändern.

Verschiedene Tests

Die Rahmen dienen als Testmaterial. Beim Bau eines ersten LaserCut-Modells wird bei vielen noch kein Testmaterial, das aus einem anderen Bauprojekt übrig geblieben ist, zur Verfügung stehen. Da bei den vorgeschnittenen Platten aber leicht zu sehen ist, welche Plattenteile als Rahmen übrig bleiben werden, lassen sich diese Rahmenteile problemlos als Testmaterial heranziehen. Wie sich zeigt, ist hier rund um das Bauteil für das Dach genügend Testfläche für ein erstes Ausprobieren vorhanden.

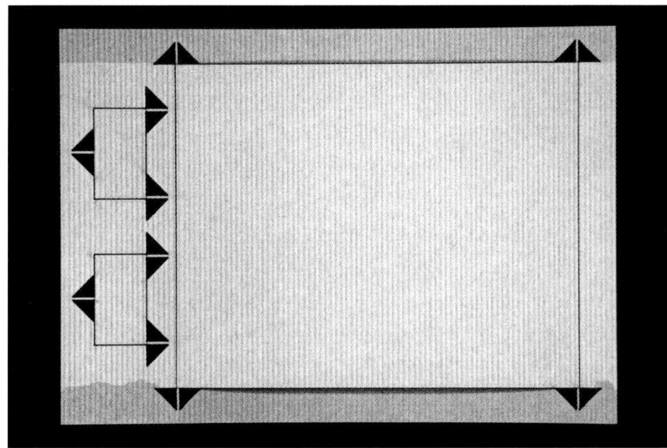

Bild 7-4: Erste Tests auf dem Rahmen, der die Bauteile hält

Während das Verändern der Materialfarben durch Übermalen oder Überspritzen bei LaserCut-Materialien wie Karton oder Holz kein Problem darstellt, sieht es beim Thema Washings schon anders aus. Ob und gegebenenfalls welche Washings (Öl-, Acryl-, Aquarell- oder Pigmentwashings) sich gut nutzen lassen, gilt es zu testen.

Um die Saugfähigkeit des Kartonmaterials versuchsweise zu reduzieren, wird die Platte auf dem oberen und dem unteren Randstreifen mit Transparentlack (glänzend / Acryl) vorbehandelt. Auf dem unteren Randstreifen mit einem Pinsel satt aufgetragen, entlang des oberen Randstreifens mit dem Airbrush gespritzt, soll über diesen Transparentlackschichten geprüft wer-

Bild 7-5: Versuche mit diversen Washings

den, wie sich die so geschaffenen Oberflächen anschließend mit verschiedenen Washings überarbeiten lassen. Hier erscheint die helle Grundfarbe des Kartons durch den Acryllack leicht dunkler, so dass auch die Grenze zwischen unbehandelten und behandelten Stellen gut sichtbar ist.

Der Transparentlack verringert die Saugkraft des Kartonmaterials, indem er die Oberfläche unterschiedlich stark verschließt. Je geschlossener eine Oberfläche ist, desto mehr glänzt sie. Dies ist nicht allein für die Saugkraft des Materials von Bedeutung. Beim Überarbeiten mit Pigmenten ist entscheidend, wie gut und wie stark sich die Pigmente in einer Oberfläche verfangen können. Je glatter eine Oberfläche tatsächlich ist, desto weniger Pigment wird haften bleiben.

Die ersten Versuche sind richtungsweisend. Auf der linken Seite des Rahmens wurden rostfarbene Pigmente jeweils über die Klarlackstreifen und das

Bild 7-6: Die Verwendung von „maßstabsgetreuen" Fotos

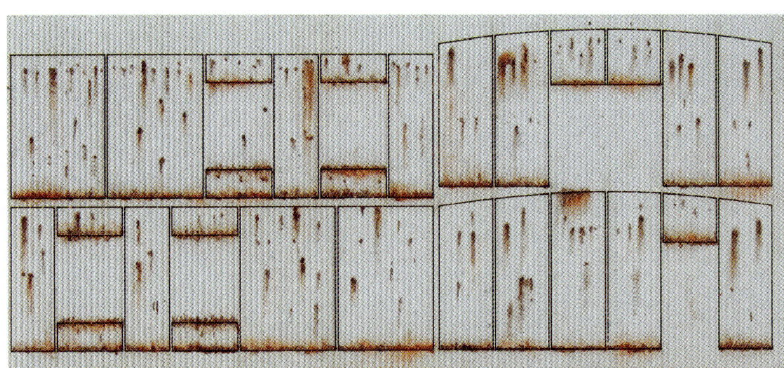

angrenzende, unbehandelte Material verteilt. Dies geschah mit einem weichen und einem mittelharten Pinsel. Es zeigt sich, dass auch auf den Lackschichten noch eine Menge Pigment hängen blieb, sich in der rauheren Oberfläche des unbehandelten Materials aber mehr Pigmente verfangen haben und damit dunklere Flecken entstehen konnten. Ein abschließender Überzug mit Pigmentfixierer, der mit dem Airbrush dünn aufgebracht wird und die Grifffestigkeit der Pigmentverläufe gewährleistet, führt zu keiner optischen Veränderung.

Auf der rechten Seite der Kartonplatte ließ sich ein Washing auf Ölfarbenbasis gut ausprobieren. Sehr nass aufgetragen drang die Farbflüssigkeit stark in die unlackierte Oberfläche ein. Vor dem Durchtrocknen war es dennoch möglich, die Farbe mit einem terpentingetränkten Pinsel zu einem Verlauf nach unten hin herauszuziehen. Der Farbauftrag unten rechts entstand mit einem höheren Farbanteil im Washing und wurde vor dem Trocknen nicht weiter bearbeitet.

Bild 7-7: Weitere Detailaufnahme zum Vergleich.

Terpentin lässt den Karton dunkel erscheinen. Dadurch wurde das Herausziehen des Verlaufs aus dem oberen Farbauftrag, gleichwohl möglich, schwer einschätzbar. Vom Terpentin nicht mehr angelöst werden konnte das durchge-

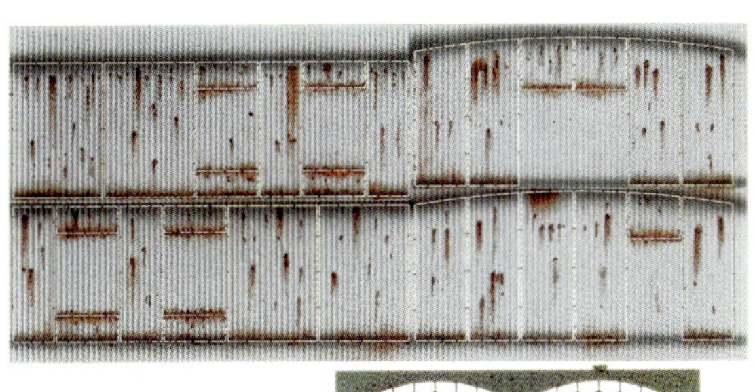

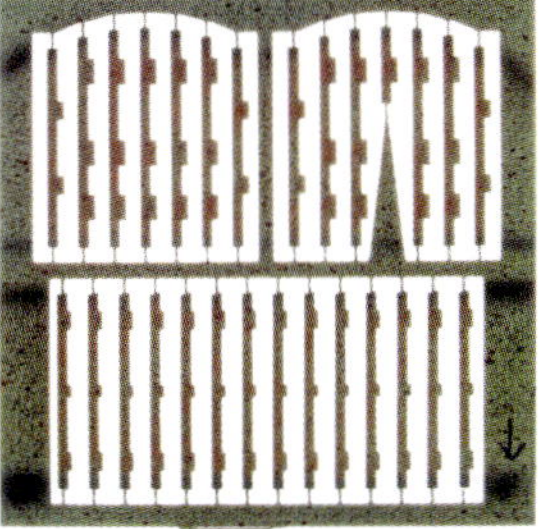

Bild 7-8: Die Umsetzung der Vorbildfotos

Bild 7-9: Der mit einer Linealführung ausgestattete Airbrush lässt sich gut an der Tuschekante eines Lineals entlangziehen.

trocknete Washing unten im Bereich der unlackierten Kartonflächen.

Fazit: Das Arbeiten auf Karton mit Washings auf Terpentinbasis ist machbar, jedoch nicht in der von Kunststoff- und Metalloberflächen bekannten Art und Weise. Für die Roststellen auf dem Wellblechschuppen reicht es jedoch, und der Karton braucht keine Vorbehandlung mit Klarlack, zumal sich mit Pigmenten sehr gut darauf gestalten lässt.

Die Vorlagen und ihre Umsetzung

Neben die Wandplatten wird für die Rostdarstellung ein maßstabsgerechtes Vorbildfoto gelegt. Die Roststellen auf dem LaserCut-Modell entstehen als Mischtechnik aus Ölfarben- und Pigmentwashings. Da die Wandteile in den vorgeschnittenen Kartonplatten noch verankert sind und sich somit gut halten lassen, sollte das Bemalen vor dem Heraustrennen der einzelnen Wandsegmente erfolgen.

Die Kanten der Wellblechplatten am Vorbild rosten besonders an ihren gewellten Enden, soweit diese nicht durch das überhängende Dach geschützt sind. Die Platten für die Tore, die links neben dem Foto liegen, haben an allen 4 Seiten ausgeprägte Rostpartien.

Der direkte Blick auf einen Teil der Seitenwand zeigt Schatten und Schmutz. Der vom Regenwasser hochgespritzte Schmutz zeichnet sich an der Unterseite der Wandelemente als schmutziggrauer Verlauf ab. Den Schatten oben erzeugt das überhängende Wellblechdach. Um einen Schattenwurf auf einer Modellarchitektur vorbildgerecht erscheinen zu lassen, kann es sinnvoll sein, diesen im Sinne eines Scale Effects mit Farbe leicht zu verstärken. Verstärken heißt also, dass dort, wo später der Schatten durch das von oben kommende Licht entsteht, die Wandfläche schon farblich etwas abgedunkelt ist.

Schmutz- und Schattenpartien finden sich natürlich auch an den Eisenträgern. Da die Wellblechplatten des Schuppens links und rechts von diesen Eisenträgern gehalten werden, muss der Farbauftrag also in gleichem Maße und in gleicher Ausdehnung wie auf den Wellblechplatten und auf den Toren des Modells erfolgen. Damit die ebenfalls noch im Rahmen belassenen „Eisenträger" optisch ein ähnliches Alter wie die schon gestalteten Blechteile aufzeigen, wurden auch sie im Vorwege „verrostet".

Auf dem Kartonrahmen der Torflügel zeigt ein Pfeil das „Unten" an. Die Tore haben - wie die Wandteile - den hochgespritzten Schmutz abbekommen, von oben fällt jedoch kein Schatten da-

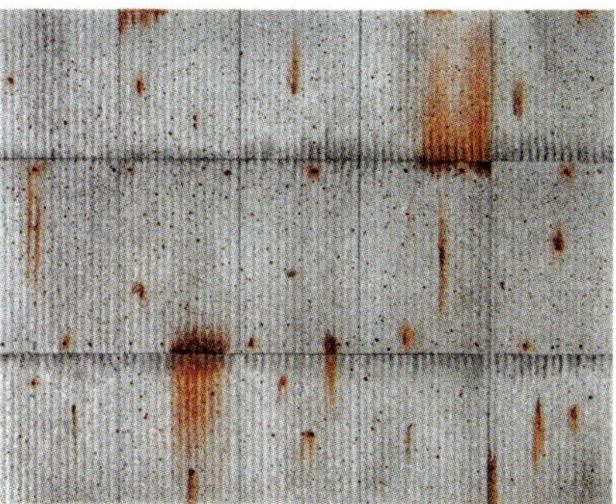

Bild 7-10: Die als nächstes überarbeiteten Bauteile

rauf. Die feinen Metalleinfassungen um die Torflügel herum werden in einem Graubraun halbdeckend gespritzt. Dafür sind die Torelemente mit einem Blatt Papier abgedeckt und nur entlang ihrer Außenkanten bleibt ein schmaler Streifen frei. Die Metallrahmen um die Tore herum sind so zur Tormitte hin scharf begrenzt, die Roststellen scheinen sich an den Einfassungen zu bilden.

Lineale und eine Linealführung

Zum Anlegen der gleichförmigen Verläufe ist der Airbrush das ideale Werkzeug. Der Airbrush wurde dafür mit einer Linealführung, die auch als „Distance Cap“ bezeichnet wird, ausgerüstet. Eine solche Linealführung erlaubt es, den Spritzapparat mit einem Lineal bzw. einem Kurvenlineal zu führen. Die Linealführung ist dafür so konzipiert, dass der Airbrush sicher in der Tuschekante bzw. entlang der Schneidekante eines Lineals gezogen werden kann, ohne dass der Sprühstrahl auf das Lineal trifft, oder vom Lineal abgelenkt wird.

Beim Farbauftrag mit einer Linealführung ist es wichtig, den Airbrush mit konstanter Geschwindigkeit entlang des Lineals zu bewegen. Für den richtigen Abstand zum Karton sorgen hier handelsübliche Streichholzschachteln. Das Zielen mit dem Airbrush braucht etwas Übung. Die Tore für den Wellblechschuppen sind recht schmale Bauteile und eignen sich von daher gut zum Einstieg. Sie sind - wie die übrigen Bauteile - in ihrem Rahmen verblieben, das Spritzen des Verlaufs kann also auf dem Rahmen beginnen. So lässt sich die Ausrichtung des Sprühstrahls gegebenenfalls noch korrigie-

Bild 7-11 Die verglasten Fenster sind fertig zum Einbauen.

Bild 7-12: Die Innen- und Außenwände

ren, bevor ein Verlauf auf dem jeweiligen Tor entsteht.

Um auch für größere Bauteile zwischen weiter auseinanderliegenden Streichholzschachteln gute Ergebnisse zu erzielen, sollten stets solche Metalllineale, die sich nur schwer durchbiegen lassen, benutzt werden. Ist dies – zum Beispiel bei Kurvenlinealen – nicht möglich, so kann ein zweites, darunter gelegtes Lineal zur Stabilisierung dienen.

Weitere Farbaufträge

Sprossenfenster, Toraufhängung und Dach werden als nächstes bearbeitet. Die Sprossenfenster sind, wie die Eisenträger der Schuppenseiten, „verrostet“, und auch die Toraufhängung erhält ein rostiges Aussehen.

Die Vorgehensweise beim Bemalen des Daches, das hier schon aus seinem Rahmen herausgetrennt ist, entspricht dem Anlegen der Roststellen der Seitenteile. Die Unterteilung in einzelne Dachplatten erfolgte mit einem Druckbleistift (0,3mm Mine). Zum Versiegeln der Dachfläche und der Seitenwände wurde zum Schluss Mattlack (Acryl) mit dem Airbrush aufgetragen.

Das Modell wird zusammengesetzt

Der realistische Eindruck einer ungeputzten Fensterscheibe entsteht durch ein Überspritzen der Fensterfolie mit Mattlack. Die Einblicke durch die Fenster, aber auch die Spiegelungen, werden dadurch diffuser und verlieren an Brillanz. Wird der Mattlack ungleichmäßig gespritzt, kann sich der vorbildgetreue Eindruck noch verstärken. Die mit einem feinen Bastelmesser aus ihren Rahmen herausgetrennnten Sprossenfenster wurden vorsichtig auf die vorbereitete Klarsichtfolie geklebt.

Das Aussehen der Hintertür am fertigen Modell soll dem einer Stahltür mit heller, intakter Lackierung entsprechen. Um schnell zu einer solchen Oberfläche zu kommen, erhält dieses Kartonbauteil nun eine Grundierung mit klarem Acrylat (siehe dazu auch die Vorversuche) und wirkt deshalb erst einmal dunkler. Eine solche Grundierung ist auch sinnvoll, wenn Kartonteile mit anderen Materialien ergänzt oder mit Spachtel ausgebessert wurden. Desgleichen gilt, wenn sichtbare Klebstoffspuren vorhanden sind.

Das Grundgerüst für das LaserCut-Modell des Wellblechschuppens besteht aus glattem, festem Karton. Die Bauteile werden über eine gegenseitige Verzahnung miteinander verbunden und dabei verklebt. Neben den Öffnungen für Fenster und Türen befinden sich Schlitze für das seitliche Einstecken der Trägerteile. Die Fenster und die inzwischen lackierte Hintertür passen ohne Nacharbeiten zwischen die Eisenträger und die Wandelemente.

Bild 7-13: Der Wellblechschuppen mit dem von oben aufgeklebten „Wellblechkarton" als Dach

Das vordere Tor bleibt geöffnet, die beiden Torflügel hängen rechts und links aussen vor den Wellblechwänden. Somit ist der Blick in das Innere des Schuppens frei. Die Gegenstücke zu den äusseren Eisenträgern, die die Einsteckschlitze auf der Innenwand verdecken, sind keine vorgegebenen Bauteile und deshalb aus Restmaterial gefertigt.

Das Schuppendach besteht aus zwei Teilen. Zur Stabilisierung des bemalten, dünnen Wellblechkartons dient ein stärkerer Karton. Sorgfältig vorgebogen und immer wieder angesetzt, bis die Rundung stimmt und die Verzahnung mühelos passt, dient er zur dauerhaften Stabilisierung des Baukörpers. Mit dem Aufkleben des Wellblechkartons entstehen die Dachüberstände, so dass dieses Bauteil sorgfältig mittig platziert werden muss. Vorab erhielt die Unterseite der Dachüberstände einen dunkleren Schattenton, um einen – dem Vorbild entsprechenden – Übergang zur vorschattierten Seitenwand zu gewährleisten.

Die Dachecken des fertigen Laser-Cut-Modells sind schnell beschädigt. Beim Anstoßen können die Ecken leicht abknicken (was an sich nicht unbedingt schlimm sein muss), aber eben auch sehr leicht zu dicken, aufgestoßenen Enden werden, wie es jeder von Büchern her kennt. Besonders gefährdet sind die Ecken dadurch, dass der Dachüberstand nur aus der dünnen Lage Wellblechkarton besteht.

Ein mit Klarlack getränktes Dach hätte etwas stabilere Ecken, ohne durch größere Materialstärke gleich merkwürdig auszusehen. Das lackgetränkte Dach sollte dann aber aufgehellt und der Glanzgrad gegebenenfalls mit Mattlack wieder abgeschwächt werden.

KAPITEL 8

Airbrush für unterwegs?

Unserem Hobby Modellbau lässt sich selbstverständlich auch auf beruflichen Reisen oder im Urlaub frönen. Ein reisetauglicher Modellbausatz darf natürlich nicht all zugroß sein, aber das lässt sich einrichten. Auch werden sicherlich nur ausgesuchte Werkzeuge und Farben das Reisegepäck bereichern, weshalb uns in diesem Zusammenhang die Frage beschäftigen soll, ob wir uns auf Reisen mit einer Airbrushausrüstung behelfen können, die deutlich kleiner ausfällt als unser heimisches Equipment?

In einen leicht zu transportierenden Werkzeugkoffer soll alles hineinpassen. Das gilt auch, neben dem Modell und allen für dessen Bau notwenigen Dingen, für den mitzunehmenden Kompressor. In Frage kommt also nur ein Minikompressor als Reisebegleiter. Zu diesem gehört ein Netzteil und ein Verbindungsschlauch zum Airbrush mit passenden Anschlüssen. Eine schnell zu montierende Airbrushhalterung und der Airbrush selbst dürfen natürlich nicht fehlen. Wird der Airbrush ohne Aufbewahrungsbehältnis transportiert, ist darauf zu achten, dass die Nadel für den Transport aus dem vorderen Farbdüsenbereich zurückgezogen wird (*vgl. Fotografik S. 8 / dazu die Nadelklemmmutter lösen und wieder festziehen*).

Die Ausrüstung

Die betriebsbereite Airbrushanlage benötigt nur wenig Platz. Die „Beine" des hoteltauglichen Airbrushhalters stecken beim Transport im Metallkörper des Airbrushhalters und werden zum Aufstellen seitlich eingeschraubt. „Hoteltauglich" heißt somit, dass der Airbrushhalter nirgends befestigt werden muss und damit überall einsetzbar ist. Der kleine Kompressor wiegt 450g bei Außenmaßen von 100x105x55mm.

Der Airbrush ist mit einer Farbdüse von 0,2mm Durchmesser ausgerüstet. Der werkseitig empfohlene Luftdruck beginnt bei 1,5bar. Angaben zum Luftverbrauch des Airbrushs in Verbindung mit bestimmten Düsengrößen werden nicht gemacht. Zum Kompressor findet sich die Vorgabe: „... bis Düsengröße 0,2mm." Der Minikompressor soll eine Ansaugleistung von 3l Luft bei 0,7bar besitzen. Bedingt durch seine Bauart und Größe verfügt er weder über ein Ausgleichsbehältnis (Tank), noch über einen Druckminderer, eine Druckanzeige oder einen Wasserabscheider. Hier fehlt zudem unter dem Minikompressor eine Schaumstoffunterlage, die ein vibrationsbedingtes „Wandern" des kleinen Kompressors verhindern kann. Ein passendes Schaumstoffteil sollte im Koffer die Airbrushanlage von oben her vor dem Verrutschen sichern, so dass stets eine Schaumstoffunterlage dabei sein wird.

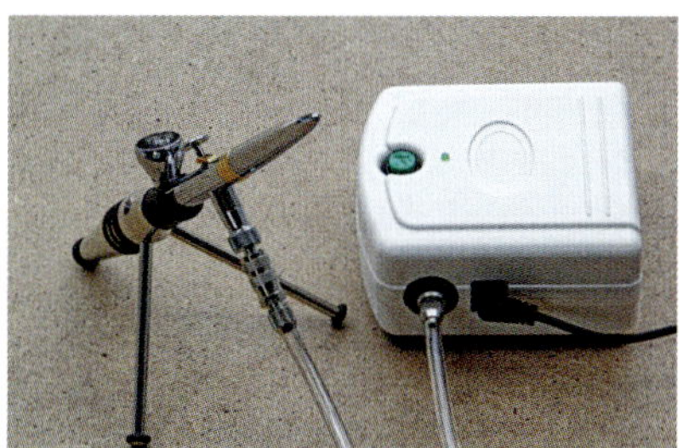

Bild 8-2: Eine Spritzanlage im Miniformat

Luftschläuche, die über einen längeren Zeitraum aufgerollt verwahrt wurden, hängen beim Arbeiten nicht mehr gerade herunter. Das kann beim Farbauftrag auf das Modell sehr stören und lässt sich vermeiden, indem die Kunststoffschläuche zu Hause aus dem Koffer genommen und senkrecht aufgehängt werden. An den Kompressor angeschlossen wird der Schlauch mittels einer Schraubverbindung. Am anderen Ende des Schlauches befindet sich eine Schnellkupplung. Der Verbindungsschlauch ist aus klarem Kunststoff, um auftretendes Kondenswasser sofort sehen zu können. Das Stichwort „Kondenswasser" weißt auf die Pro-

Bild 8-3: Jeder Kompressor sollte ein Typenschild mit technischen Angaben besitzen.

blempunkte „Geräteerwärmung“ und „Laufzeiten“ hin. Gerade bei derart kleinen Kompressoren ist besonders auf die Laufzeiten zu achten.

Die Luftquelle

„For short time use only“ steht auf dem Typenschild des Minikompressors. Der Anbieter des Minikompressors präzisiert diesen Hinweis in der Bedienungsanleitung durch die Aussage, „... den Kompressor nach 30-minütigem Gebrauch für ca. 10 bis 15 Min. abkühlen zu lassen.“

Bild 8-4: Eine erste Spritzprobe mit den Reisebegleitern

Ausgedehnte Laufzeiten sind bei kleinen Bauprojekten vermeidbar. Eine auf die Laufzeiteinschränkungen eines Minikompressors abgestimmte Bauplanung für das Modell kann zudem für ausreichende Zeitspannen zwischen den einzelnen, möglichst zügig ausgeführten Farbaufträgen sorgen. In der Praxis gelingt dies beispielsweise, wenn das Zusammensetzen der einzelnen Baugruppen und das Spritzen der jeweiligen Farbaufträge so „getaktet“ wird, dass sich der Kompressor nur mäßig erwärmt und dann zwischenzeitlich wieder abkühlen kann.

Reicht der vom Minikompressor erzeugte Luftdruck für die verwendete Farbe aus? Diese Frage kann sich auch für Farben stellen, die sich zuhause beim Arbeiten mit dem heimischen Atelierkompressor bestens bewährt haben. Entsteht mit dem Minikompressor trotz ausreichender Verdünnung der Farbe und gegebenenfalls dem Zusatz eines Mediums, das die Fließeigenschaften der Farbe verbessert (AIRBRUSH FLOW IMPROVER) ein zu körniges Spritzbild, so ist der erzeugte Luftdruck für die verwendete Farbe möglicherweise zu gering.

Das Ausweichen auf eine andere Farbsorte eines anderen Herstellers kann hier Abhilfe für unterwegs schaffen. Vorausgesetzt ist natürlich, dass der Airbrush und die Luftquelle wie hier von einem Anbieter sind und / oder zueinander passen (schließlich gibt es merklich variierende Luftverbrauchswerte bei Spritzapparaten unterschiedli-

Bild 8-5:„Box Art": Die Lkw-Darstellung als mögliche Farbvorlage auf dem Bausatzdeckel

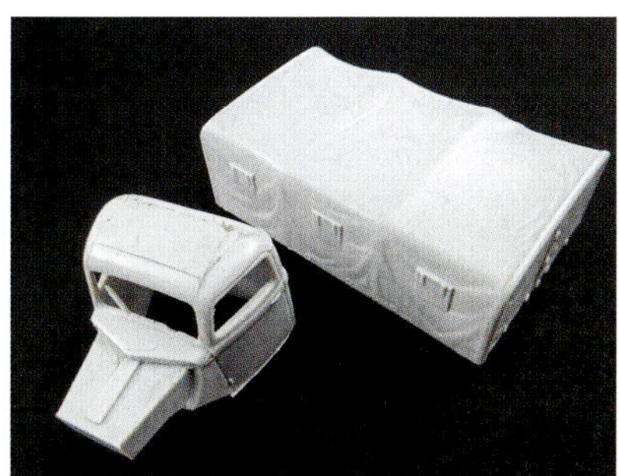

Bild 8-6 : Fahrerhaus und Plane sind neben der Pritsche und der Bodengruppe die „großen" Bauteile.

cher Hersteller). Gänzlich vermeiden lassen sich Zugeständnisse hinsichtlich der Spritzbildes eher nicht, wenn zuhause ein guter Atelierkompressor bereitsteht. Eine leichte Körnigkeit wird sich für die allermeisten Arbeiten am Modell aber nicht negativ auswirken.

Modell & Bearbeitung

Gebaut werden soll als erstes das shortrun-Modell eines deutschen FORD-LKWs. Das Modell im Maßstab 1:87 empfiehlt sich insofern als Modellprojekt für unterwegs, als es dem erfahrenen Modellbauer einige Stunden herausfordernden Bauspaß verspricht und in allen Bauphasen gut zu transportieren ist.

Vorbild für dieses Projekt ist der zwischen 1951 und 1961 in Deutschland gebaute zivile LKW FORD FK. Aus fünf Baugruppen mit jeweils eigenen Farbaufträgen setzt sich das LKW-Modell zusammen: das Chassis, die Räder, das Führerhaus mit Motorhaube, die Pritsche mit Unterbau und die Plane. Hinzu kommen Anbauteile, die zwischendurch vorbereitet werden können, wie die unter der Pritsche montierten Schutzbleche, der Kühlergrill, die Lampen und diverse Kleinteile.

Arbeitsplanung

Die zivile Version des LKW unterscheidet sich äußerlich nur wenig von der militärischen. Für die zivile Ausführung wird das Dach plan geschliffen und die Planenfenster für den Truppentransport werden ebenfalls „eingeebnet". Ein Scheibenwischer fehlte bereits beim Herausnehmen aus der Schachtel. Da die Scheibenwischer doch sehr vereinfacht dargestellt sind, sollen gleich beide durch feinere Scratchbauteile ersetzt werden. Merke: zeitaufwendigere Arbeitsschritte wie diese drei lassen sich ganz bewusst für Bauphasen aufheben, in denen der Minikompressor wieder abkühlt. Wichtig ist es, diese Art der Planung zu verinnerlichen, auch wenn sie bei einem kleinen Modell wie diesem LKW im ersten Moment vielleicht nicht so relevant erscheint.

Der Farbauftrag

Den ersten Farbauftrag mit dem Airbrush erhalten der Kühlergrill und die Lampenringe. Die beiden auf den Lampenringplatten noch fehlenden

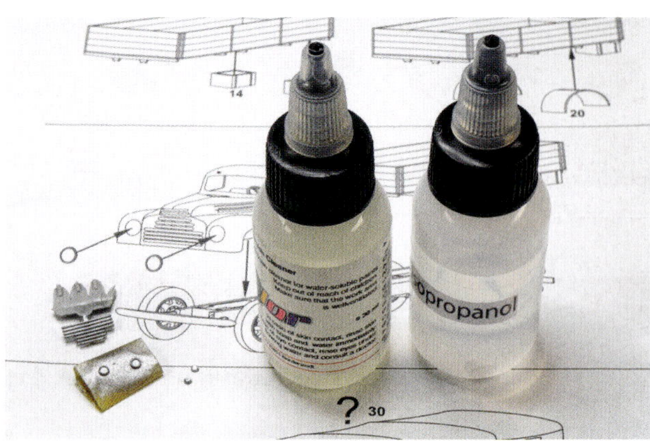

Bild 8-7: Reiniger für unterwegs, auch zum „Entfetten" der Bauteile (Isopropanol)

Scheinwerfergläser stammen nicht aus dem Bausatz, sondern aus der Sammelkiste.

Für unterwegs sind wasserverdünnbare Modellbaufarben die bessere Wahl im Vergleich zu lösemittelbasierten Farben. Wasser ist im Hotelzimmer oder im Feriendomizil vorhanden, als Reinigungsmittel für Airbrush und Pinsel kommen zu den Acrylfarben dazugehörende Reiniger in Form von waschaktiven Substanzen („Seife") in Frage. Von Papiertüchern, die durch das Säubern des Airbrushs verschmutzt sind, geht so keinerlei Gefahr oder Geruchsbelästigung aus.

Bild 8-8: Die ersten Farbaufträge mit dem Airbrush

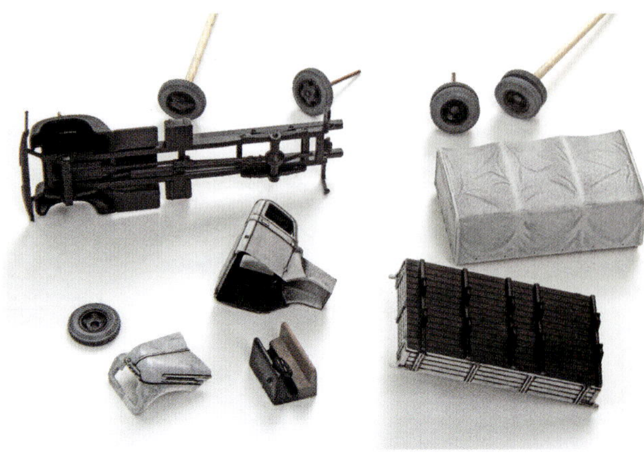

Lediglich für das Entfernen von produktionsbedingten Trennmittelresten und Fingerfett ist stets auch eine geringe Menge Isopropanol (aus der Apotheke) im Gepäck, abgefüllt in eine kleine Leerflasche mit Dosierkappe. Isopropanol kann zwar ganz vereinzelt die Oberfläche eines Kunststoffs oder einer Bedruckung auf Fertigmodellen (auch: Eisenbahnmodellen, etc.) angreifen. Ein schneller Vorversuch auf einem Gießast oder auf einer später nicht einsehbaren Stelle schafft hier Sicherheit.

Die Bodengruppe des FORD LKWs bekommt den nächsten Farbauftrag. Ein paar Krokodilklemmen zum Halten der Modellteile sind im Werkzeugkoffer leicht unterzubringen und gehören zur Reiseausstattung. Styroporklötze aus nicht mehr benötigtem Verpackungsmaterial lassen sich natürlich auch unterwegs noch auftreiben. Um sicherzugehen, dass der Unterbau schließlich in einheitlichem Anthrazit glänzt, kann zuerst alles in „Plastikschwarz" nachgespritzt werden, was farblich abweicht. Es folgt ein dunkler Anthrazitton entsprechend dem selbst festgelegten Scaleton, denn „reines" Schwarz kommt bei einem Modell nur in den Schattenpartien vor.

Dieses LKW-Modell besitzt schon durch seinen Maßstab keine nennenswert großen Flächen. Dennoch ist es eine interessante Erfahrung zu sehen, wie viel Zeit einzelne Spritzvorgänge tatsächlich in Anspruch nehmen, wenn bei allen Bauteilen fachgerecht vorgegangen wird. Fachgerecht heißt hier selbstverständlich erst einmal, dass sehr feine Farbaufträge „trocken“, also so gespritzt werden, dass die Farbaufträge unmittelbar nach dem Spritzen keinerlei Feuchtigkeit mehr zeigen und weiter bearbeitet werden können.

Gerade wenn die Gesetzmäßigkeiten des Scale Effects bei der Farbgebung berücksichtigt werden, gilt es zudem mehrere, oft verschiedenfarbige Farbaufträge möglichst fein gespritzt übereinander zu legen. Auf der Plane ist gut zu sehen, wie die gespritzte „Untermalung“ die Planenfarbe bereits schattiert. Dies ist nur mit sehr gut verdünnten Farben zu erreichen, deren endgültiger Farbton langsam aufgebaut wird.

So lässt sich eine Schattenpartie, wie sie unter der Ladefläche zu finden ist, gut über einer schwarzen „Grundierung“ darstellen. Auch die Innenseite der Fahrerkabine erhält als Erstes einen schwarzen Farbauftrag. Boden und Armaturenbrett bleiben schwarz, um später, beim Blick durch die Scheiben, einen guten Kontrast zu gewährleisten. Die Sitzbank wird aus dem gleichen Grund eine Nuance zu hell gespritzt.

Ein schwarzes Washing sorgt dafür, dass die Gravuren auf den Bauteilen nach dem folgenden 'Lackieren' eine scale-gerechte Betonung besitzen. Der Schatten unter dem „schwarzen“, also anthrazitfarben eingefärbten Kotflügel hingegen entsteht durch das abschließende Überspritzen mit reinem Schwarz.

Gleichmäßig feine, linienförmig gespritzte Farbaufträge sind in mehrfacher Hinsicht wichtig. Der schwarze Schatten unter dem Kotflügel und auf dem Rahmenholm, auf dem später die Ladefläche sitzt, ist ebenso frei, also ohne Masken, gespritzt wie der Rostansatz auf den Blattfedern. Aber auch für die Details, die mit speziellem Maskierband für den Modellbau freigestellt sind, wird ein solches Spritzbild benötigt. Dazu gehören die Träger unter der Holzpritsche, die Chromzierleisten auf der Kühlerhaube und die Türgriffe. Fällt der Farbauftrag hier zu grob aus, entstehen im „Chrom“ kleine „Beulen“, ist er zu nass, werden die Kapillarkräfte des Maskierbandes die Farbe seitlich „ausfransen“ lassen.

Bild 8-9: Endkontrolle am zusammengesetzten Modell

Durch die Betonung von Licht und Schatten entsteht ein vorbildgetreuer Eindruck. Zum Teil kontrastreiche, zum Teil feine bis sehr feine Farbabstufungen zwischen den kleinen Flächen verleihen dem Modell schließlich ein glaubhaftes Äußeres.

Manch einen Modellbauer/Modellbahner mag es überraschen, wie (zeit)aufwendig doch die farbliche Gestaltung selbst eines kleinen Modells tatsächlich sein kann, wenn das Ergebnis überzeugen soll. Es sind die vielen kleinen Flächen, die es mehrfach zu überspritzen gilt und die so zu ausge-

Projekt: Ford – Blau

	Grund-farbe	+ Mischfarben				Spritzproben
Farbname Farbnr.	Ultramarin 600 10	Weiß 60023	Blauviolett 60013			
Anteile	60					
+ Anteile		15				
+ Anteile		30				
+ Anteile		30				
+ Anteile		30				
+ Anteile		30	2			
+ Anteile						
= Anteile	60	135	2			

MATHIAS FABER, Erste Hilfe AIRBRUSH

Bild 8-10: Die vorbereitete Wagenfarbe

dehnten Spritzvorgängen führen. Schon die ersten Farbaufträge auf dem Chassis und den Rädern erfordern eine Kompressorenlaufzeit von mehr als 10 Minuten. Probehalber gespritzte Farbmuster, das Ausspritzen des Airbrushs und Farbwechsel dürfen in dieser Zeitrechnung natürlich nicht vergessen werden.

Aber selbst wenn es spritztechnische Herausforderungen gibt und alle LKW-Bauteile eine neue Farbgebung mit schützenden Klarlackschichten in unterschiedlichen Glanzgraden erhalten, wird der Minikompressor diese Aufgaben gut bewältigen, wenn die Arbeitsplanung stimmt.

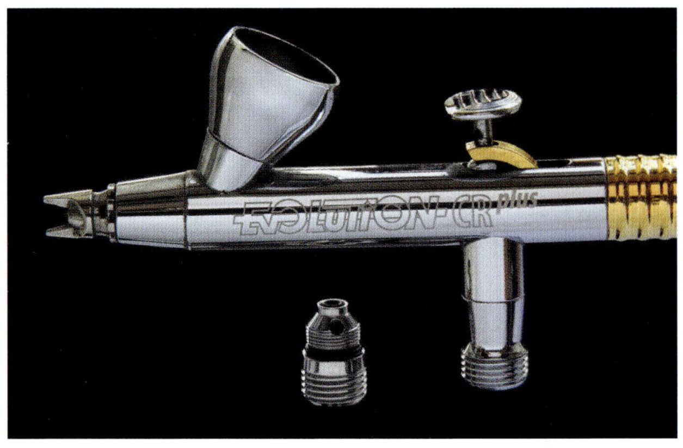

Bild 8-11: Ein Airbrush mit daneben liegendem „Free-Flow"-Luftventil zum Austauschen

Die Vorbereitungen

Stimmige Scalefarbtöne sind unabdingbar für eine überzeugende Farbgebung. Die gewünschten Farbtöne lassen sich aus allen gängigen Farbsortimenten heraus anmischen oder aus dem großen Angebot speziell für Modellbauer als fertiger Farbton auswählen. Spritzproben sind in beiden Fällen wichtig, erstens: um zu schauen, wie der Farbauftrag im Original aussieht, und zweitens: um die Deckkraft der gewählten Farbe, gerade auch im Hinblick auf eine Vorschattierung, einschätzen zu können. In eine Reihe von Farben kann zur Erhöhung der Deckkraft eine geringe Menge Weiß zugegeben werden, ohne dass der Farbton sich spürbar ändert, und auch dafür sind Farbtests natürlich unerlässlich.

Das Anmischen und Überprüfen der Spritzfarben inklusive dem jeweils notwendigen Reinigen des Airbrushs erfordert Kompressorenleistung, die für einen Minikompressor erheblich sein kann. Es ist deshalb sinnvoll, all dies mit dem heimischen, leistungsstarken Kompressor vorzubereiten. Eine positive „Nebenwirkung" ist dabei, dass nur eine begrenzte Zahl von Farbbehältern wertvollen Stauraum für die Reise beansprucht.

Von einzelnen Airbrushherstellern gibt es sogenannte „Free-Flow"-Ventile. Mit ihnen kann der Luftstrom am Airbrush nicht beeinflusst, sprich: nicht unterbrochen werden. Sie werden gegen die serienmäßig montierten Luftventile ausgetauscht. Dazu lassen sich die Luftventile meist recht leicht nach unten aus dem Airbrushgehäuse herausschrauben und ersetzen. Das Ersetzen des herkömmlichen Ventils kann sinnvoll sein, wenn Luftquellen wie dieser Minikompressor hier zum Einsatz kommen. Dieser Kompressor hat keinen automatischen, druckabhängigen Betriebsschalter. Bei wirklichen Arbeitsunterbrechungen wird er manuell ausgeschaltet.

Wichtig: Beim folgenden Wiedereinschalten des Kompressors muss der Motor sofort zu laufen beginnen. Kann der Motor aufgrund von Gegendruck nicht gleich starten, besteht die akute Gefahr, dass er kaputt geht. Deshalb darf der Schlauch nicht mehr unter Druck vom vorangegangenen Spritzvorgang stehen. Also: einfach erst die Luft am Airbrush freigeben, bevor der kleine Kompressor eingeschaltet wird, oder ein „Free-Flow"-Ventil montieren, das eine Unterbrechung des Luftstroms am Airbrush unmöglich macht.

Die maximale Modellgröße

Reicht ein Minikompressor dafür aus, das Modell einer Tankanlage „aus dem Koffer" zu bauen? Ein solches Modell für ein Diorama oder eine Industriebahnanlage bietet selbst im kleinen Maßstab 1:87 recht große Flächen. Diese Flächen gilt es mit dem Airbrush mehrfach und in jeweils durchgängigen Arbeitsabläufen zu bearbeiten. Somit kann das Modell dieser Tankanlage hier auch stellvertretend für Bauprojekte in größerem Maßstab stehen, die noch gut in den Werkzeugkoffer passen.

Der eingesetzte Minikompressor soll einen Airbrush des gleichen Herstellers (0,3 mm Farbdüse) mit Luft versorgen. Bedingt durch seine Bauart und Größe verfügt der Minikompressor weder über ein Ausgleichsbehältnis (Tank), noch über einen Druckminderer, eine Druckanzeige oder einen Wasserabscheider. Auch in seinen Außenmaßen von 130 x 99 x 64mm und seinem Gewicht von 431g ist er mit dem eben beschriebenen Minikompressor vergleichbar. Zum Kompressor gehört ein schwarzer, weicher Schlauch, der am Gerät fest aufgesteckt wird. Der Airbrush wird mittels einer passenden Schraubverbindung am anderen Ende des Schlauches mit diesem verbunden. Eine seitlich am Kompressorgehäuse aufgesteckte Airbrushhalterung ermöglicht es, den Airbrush dort abzulegen.

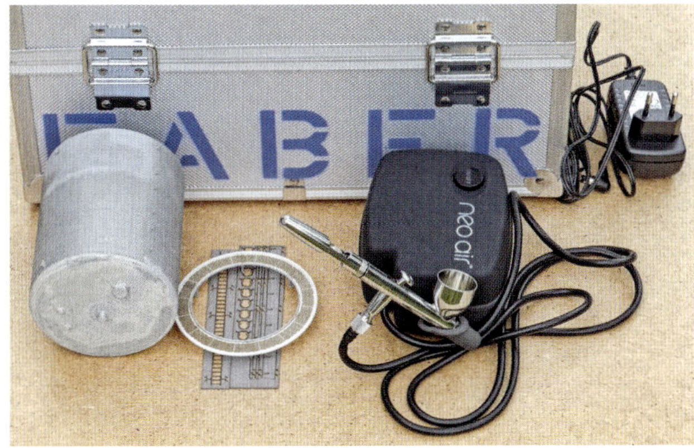

Bild 8-12: Bei diesem 3D-Druck-Modell und diesem Minikompressor ist der Platzbedarf schon größer.

Der Betrieb des Minikompressors

Das Typenschild und der Lufteinlass befinden sich an der Unterseite des Minikompressors. Fußteile aus weichem Gummi sollen die Vibrationen des Gerätes auffangen, so dass eine Schaumstoffunterlage dem Anschein nach nicht gebraucht wird und der Lufteinlass frei bleibt. Der Schein trügt jedoch ein wenig: Der kleine Kompressor geht mit kräftigem Gebrumm zu Werke und bewegt sich fast unmerklich von

Bild 8-13: Das zum schwarzen Minikompressor gehörende Typenschild.

seinem Standplatz fort, wenn er nicht auf einer etwas weicheren Unterlage steht oder eingeklemmt wird.

Das Typenschild weist auf keinerlei Laufzeitbegrenzung hin, lediglich die Angabe „Household Use Only" ist zu finden. Auf der Innenseite der Originalverpackung hingegen gibt es die folgenden Hinweise: „Compressor can overheat. Turn off power, let cool and restart. To protect the motor, the ... compressor will automatically shut-off after 10 minutes of continuous use." (Übersetzt heißt dies: Der Kompressor kann überhitzen. Ausschalten, abkühlen lassen und neu starten. Um den Motor zu schützen, schaltet sich der ... Kompressor nach 10 Minuten ununterbrochener Laufzeit automatisch ab). Zudem befindet sich auf dem Typenschild der Aufdruck: „SPEED: 3 Speed". Auch diese Angabe wird auf der Kartonverpackung des Kompressors erläutert.

Farbiges Licht am Betriebsschalter zeigt an, mit welcher Motorleistung der Antrieb des Minikompressors läuft. 3 Drehzahlbereiche sind möglich. Sie werden in folgender Reihenfolge durch das Niederdrücken des Betriebsschalters gewählt: Auf eine mittlere (= purpurnes Licht) und eine hohe (= blaues Licht) folgt eine langsame (= rotes Licht) Laufgeschwindigkeit. Die Entscheidung darüber, welche Motorleistung mit welchem Airbrush und welchen Farben für welchen Farbauftrag optimal ist, wird von Fall zu Fall zu treffen sein.

Für die erste Grundierung des Tanks – die auch alle Stellen gut sichtbar macht, die noch gespachtelt oder verschliffen werden müssen – wurde auf Stufe 1 gearbeitet (mittlere Drehzahl = einmaliges Niederdrücken des Betriebsschalters). Die Laufzeit des Kompressors betrug dabei 5 + 2 Minuten, mit einer kurzen Unterbrechung zum Nachfüllen von Farbe. Es wurde ein einwandfreier Farbauftrag erzielt, ohne dass sich eine spürbare Erwärmung des Gerätes feststellen ließ.

Die Spritzvorgänge

Wird der grundierte und nachgearbeitete Tank im Weiteren ohne Arbeitsunterbrechung „lackiert", ist nach 10 Minuten Kompressorenlaufzeit vollautomatisch Schluss. Ohne Vorwarnung und scheinbar völlig unvermittelt schaltet sich der Minikompressor ab. Doch keine Panik – er lässt sich sofort wieder einschalten, um wenigstens den Airbrush noch ausspritzen zu können. Danach sollte der kleine Kompressor aber mindestens 10 Minuten ausgeschaltet bleiben, auch wenn äußerlich keine starke Erwärmung spürbar ist. Für entsprechende Abkühlphasen kann beispielsweise der Bau des Umlaufs oben auf dem Tank oder des Aufstiegs dorthin eingeplant werden (Stichwort: Arbeitsplanung).

Tank, Aufstieg und Umlauf haben ihre Grundfarben erhalten, bevor sie

Bild 8-14 : Wiederholt aufgetragene und wieder angelöste Washings mit Ölfarben bilden die Rostspuren.

Bild 8-15: Der fertige Tank: Das Rohrleitungssystem bekommt seine Farbigkeit analog zum Tank.

zusammengefügt werden. „Nachzuspritzen“ sind dann höchstens die Stellen, an denen nach dem Verkleben des Umlaufs mit dem Tankdach noch Spachtelarbeiten notwendig waren. Auf den ‚Betonsockel‘ unten wird der Tank erst aufgesetzt, wenn auf diesem (wie auch auf dem Tank) alle noch ausstehenden Washings fertiggestellt sind. Das Aussehen älteren Betons bekommt der Sockel durch die Zuhilfenahme von Strukturpaste oder Ähnlichem.

Washes

Schwarze, speziell für Pigmentwashes angebotene Pigmente bilden die Verschmutzungen des Tanks. Das Auftragen lässt sich mit verschiedenen Pinseln, aber auch mit geeigneten Schminkutensilien etc., bewerkstelligen. Zum abschließenden Fixieren der Pigmentspuren kommen dazugehörende, sogenannte „Pigment Fixer“ in Frage, aber auch mit mattem Klarlack kann die gewünschte Festigkeit sichergestellt werden.

Zum „Einlaufenlassen“ des Pigment Fixers in die Pigmentaufträge dient ein aufnahmefähiger Pinsel in entsprechender Größe, der Klarlack kann gespritzt werden. Aber Vorsicht beim Auftragen des Klarlacks mit dem Airbrush: Zuviel Luftdruck bzw. eine zu große Nähe zur Tankoberfläche führen dazu, dass zumindest Teile der Pigmente verloren gehen. Ein brauchbarer Klarlack-Sprühnebel lässt sich in Ermangelung von Druckminderern an den Minikompressoren erzielen, indem der Luftschlauch mit viel Fingerspitzengefühl abgeknickt / zusammengedrückt wird.

Die weiteren Verschmutzungen der Betonoberfläche am Sockel entstanden anschließend mit regulär und frei gespritzten Modellbaufarben, die in unterschiedlicher Intensität und Strichstärke aufgetragen wurden.

Die Rostspuren entstehen mit einem Washing aus Ölfarben. Stark verdünnte Künstlerölfarben oder die schon fertig angebotenen Washings für den Modellbau (sogenannte „enamel colors“ auf der gleichen Basis) werden mit dem Pinsel aufgetragen und können die darunter liegenden, gespritzten Farbschichten (Acryl) nicht anlösen. Die Beständigkeit der Grundfarben gegenüber Terpentin erlaubt so auch ein ausgedehntes Verwaschen der Ölfarben mit Terpentin. Nachdem alle Farbaufträge auf dem Tank abgeschlossen sind, kann dieser mit dem ebenfalls fertiggestellten Sockel verklebt werden. Ein schmales, moosgrünes Washing in Teilen des Spalts zwischen dem Tank und dem Sockel bildet hier den Abschluss.

Zum Schluss wird das Rohrsystem mit seinen Dehnungsbögen und dem Absperrventil montiert. Auch das Rohrleitungssystem erhält seine Farben und Washings nach dem Zusammensetzen, aber vor der Montage am Tank. Die Vorgehensweise gleicht dabei dem Vorgehen auf der Tankoberfläche.

Fazit: Mit der problemlosen Fertigstellung des Tankmodells ist auch die „Reisetauglichkeit“ der kleinen Airbrushanlage nebst ihrer Eignung für etwas größere Modelle belegt. Natürlich müssen dazu die „Spielregeln“, die nunmal für Minikompressoren gelten, eingehalten werden. Wer sich darauf einlässt - eine sinnvolle Planung der Vorgehensweise dürfte bei einem derart übersichtlichen Modell keine Schwierigkeit darstellen – kann auf eine gut funktionierende Airbrushanlage für unterwegs zurückgreifen.

Fest eingebaute Minikompressoren

Der Einbau von einem der beiden vorgestellten Minikompressoren in einen Werkzeugkoffer kann mehr Laufruhe bringen, die Ausstattung mit Zubehör bringt mehr Bedienkomfort. Die grundsätzlichen Überlegungen zum Arbeiten mit Minikompressoren gelten natürlich in beiden Fällen unverändert. Zudem muss eine gute Belüftung gewährleistet sein. Darf bei einem Trolley das Gewicht des Minikompressors vielleicht sogar höher sein als bei den eben vorgestellten Luftquellen, so mag auch ein etwas leistungsstärkeres Gerät in Betracht kommen. Auf der Basis von geeigneten Werkzeugkoffern lässt sich ein solcher „Rollkoffer“ selbst gestalten oder fertig ausgerüstet erwerben.

Bild 8-16: Ein Koffertrolley mit fest eingebautem Kleinkompressor ist die Luxusvariante für unterwegs.